KB167712

센서공학
개   론

김한근 · 박선국
공저

기전연구사

머리말

    센서는 각종 물리적 또는 화학적인 현상을 검출하여 이를 전기 신호로 변환해서 사용하는 디바이스이며, 센서 기술은 첨단 과학 기술의 핵심 기술로 그 중요성도 크게 부각되고 있다.

    최근 센서의 눈부신 발전으로 인간의 감각 기능으로는 인식이 불가능한 것까지도 감지할 수 있어 검출기 이상의 계측기 의미까지 그 개념이 확대되어 사용되고 있는 실정이다.

    오늘날 마이크로일렉트로닉스 기술의 발달로 센서가 마이크로프로세스와의 결합으로 센서의 인텔리전트화가 급속도로 진행되고 있다. 따라서 센서는 반도체산업과 디스플레이산업이 급속히 발전함에 따라 산업기기, 가전기기, 의료기기, 자동화기기, 계측기 및 교통관련 분야 등에서 활용되어 우리들의 일상생활을 윤택하게 하는데 많은 도움을 주고 있는 실정이다. 그리고 센서는 공장자동화를 비롯하여 사무자동화 및 가정자동화 분야에서 중추적인 역할을 할 것이며, 많은 종류의 센서가 이와 같은 자동화 분야에 응용될 것으로 사료된다.

    이 책은 광범위한 센서 중에서 현재 가장 필요하고 광범위하게 활용되고 있는 센서를 위주로 하여 센서의 원리와 특성을 이해하고, 각종 자동화 기기와 제어계측 등에 응용할 수 있도록 구성하였다.

    끝으로 본 서가 전기, 전자, 제어 계측, 메카트로닉스 및 기계 분야의 기술자 및 공학도의 지식 습득이나 현장 실무에 도움이 되기를 바라며, 이 책의 출간에 협조하여 주신 기전연구사 여러분께 진심으로 감사드린다.

저자 일동

차 례

CHAPTER 08 초음파 센서 ··· 121

부록 센서실험장치_AT-1830 ⋯ **167**

CHAPTER 01 센서의 개요

1.1 센서의 정의

인간은 시각, 후각, 미각, 촉각, 청각의 오감을 갖추고 있으며, 이것에 의해 외부 환경으로부터 정보를 얻어 창조적 생활을 영위하고 있다. 현재 우리가 사용하고 있는 기계장치나 자동화시스템에서 감각기능을 하는 것을 센서라 부른다. 센서는 "측정 대상의 물리량이나 화학량을 선택적으로 포착하여 유용한 신호로 변환·출력하는 장치"로 정의하고 있다. 센서와 밀접한 의미를 가지는 것으로 트랜스듀스(Transduce)가 있는데, 트랜스듀스는 "어떤 종류의 신호 또는 에너지를 다른 종류의 신호 또는 에너지로 변환하는 장치"라고 할 수 있다.

생체는 외계로부터의 자극을 오감으로 받아서 그 신호를 신경에 의하여 뇌로 전달한다. 이때 뇌는 이 신호를 처리하여 근육 또는 수족 등으로 명령신호를 전달함으로써 동작을 수행하게 한다. 이 관계를 공학적으로 실행하려면 외계의 정보를 센서에 의하여 감지하고, 트랜스듀서에 의해 전기 신호로 변환해서 그 신호를 전송로를 통해서 정보처리기에 전달한다. 이때 정보처리기는 그 신호를 처리하여 액추에이터(actuator)에 전송함으로써 액추에이터를 구동하게 한다. 즉, 액추에이터란 입력된 신호에 대응하여 작동을 수행하는 장치 또는 명령신호에 의하여 작동하는 집행기를 말한다.

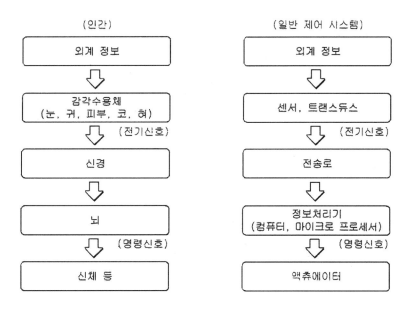

그림 1.1 인간의 감각 기관과 일반 제어시스템의 구성 비교

센서를 제조하거나 활용하는 기술은 오늘날 가장 중요한 첨단 과학 기술의 하나가 될 뿐만아니라 앞으로 펼쳐지고 있는 IoT 기술 사회의 실현을 위한 미래 기술로서 자리 잡아 가고 있다.

이미 센서 기술은 선진국에서 각종 전자 기기와 FA, OA, 로봇, 공해 방지 및 각종 방재 기기, 자동차 및 항공기, 우주 및 해양탐사, 농업 기술 및 의료 기술 등 모든 산업 분야에서 필수적으로 채용되고 있으며, 국내에서도 가전 제품, 자동차 전장품, 각종 경보기, 공장 자동화 등의 분야에서 센서의 수요가 급증하고 있다.

1.2 센서 재료

센서를 위한 요소 재료에는 다음과 같은 것이 사용되고 있다.

① 금속 재료
② 반도체 재료
③ 아몰퍼스 재료
④ 세라믹 재료
⑤ 고분자 재료

표 1.1 센서재료의 종류

재료	대표적인 센서
금속	측온저항체, 스트레인게이지, 로드 셀, 열전대, 자기리드스위치
반도체	홀소자, MR소자, 압력 센서, 속도 센서, 광 센서, CCD
세라믹	서미스터, 습도 센서, 가스 센서, 압전 센서, 산소 센서
광 fiber	온도 센서, 레벨 센서, 압력 센서, 변형 센서
유전체	초전형 센서, 온도 센서
고분자	습도 센서, 온도 센서, 플라스틱 서미스터
복합재료	PZT 압전 센서

1) 금속 재료

물리량을 검출할 수 있는 것으로, 변환하는 부분에는 반드시 금속 재료가 사용된다. 변환 부로서는 스프링, 바이메탈, 변형이 생기는 강판, 자석, 코일, 회전 원판 등이 있다. 이것들의 기계적 동작은 접점의 접촉과 분리, 저항값의 변화, 전자적 결합 등 전기 신호에의 변환 기구에 전달된다.

2) 반도체 재료

반도체는 도전체와 절연체 중간의 성질을 나타낸 것인데 그 특성은 온도나 자기, 빛에 큰 영향을 받기 쉬운 것이다. 트랜지스터나 증폭기는 이 외부 환경의 영향을 가급적 제거해야 한다. 그러나 이 성질을 반대로 이용하면 센서가 얻어지는 것으로서 이것이 반도체 센서이다.

반도체에 빛을 조사하면 내부에 흡수되어 빛의 에너지에 따라서 캐리어의 움직임에 영향을 준다[그림 1.2(a)]. 이것이 반도체 광센서이다. 반도체의 캐리어 농도는 온도가 높아지면 증가하기 때문에 저항이 감소한다. 또 양단에 온도차가 생기면 캐리어 농도의 차이로써 캐리어의 이동과 축적이 발생하여 전압이 나타나게 된다. 이 현상은 2종류의 이종금속 간의 열기전력 효과(제벡 효과)와 대비되어 온도 센서의 원리가 된다[그림 1.2(b)].

자계에 관해서는 홀 효과가 있다. 이것은 그림 1.2(c)와 같이 전계에 의한 캐리어의 흐름에 수직으로 자계를 가하면 캐리어에 힘이 작용하여 흐름에 수직 방향으로 전압이 발생한다. 이렇게 해서 자기 센서가 만들어진다.

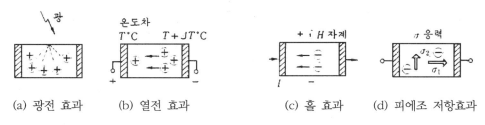

(a) 광전 효과   (b) 열전 효과   (c) 홀 효과   (d) 피에조 저항효과

그림 1.2 반도체 센서

실리콘 등의 결정에 외력이 작용하면 결정격자에 변형이 생겨 캐리어의 수와 이동에 의해서 스트레인 게이지 또는 압력센서가 만들어진다[그림 1.2(d)]. 이것을 피에조 저항 효과라고 한다. 예를 들면 반도체 스트레인 게이지는 Si의 얇은 판(다이어프램)상에 피에조 저항 소자를 확산시켜 만들 수 있다.

반도체 센서는 IC(집적 회로)를 제조하는 기술을 이용하여 구성할 수 있으므로 소형화, 고감도화, 인텔리전트화에 매우 유리하다.

여기에서 인텔리전트화란 센서 자체에 신호의 증폭이나 처리, 데이터 전송의 기능을 포함할 수 있도록 한 것으로서 스마트 센서라고도 불리고 있다.

3) 아몰퍼스 재료

아몰퍼스 재료란 통산의 금속과 같은 원자 배열에 규칙성을 갖추지 않은 비결정 재료이다(그림 1.3). 아몰퍼스 재료는 같은 재료일지라도 결정체와는 다른 성질을 나타내고 있어 센서로서 이용할 수 있다. 예를 들면 아몰퍼스 금속은 자왜 특성을 나타내기 때문에 가시광, 컬러, 이미지센서로 이용할 수 있다.

아몰퍼스 금속은 응용된 금속을 노즐로 분사 급냉시켜 리본상으로 하여 만들 수 있으므로 리본상 센서가 많이 이용되고 있다.

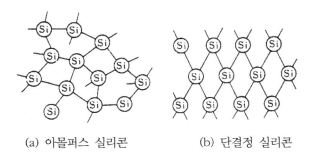

(a) 아몰퍼스 실리콘   (b) 단결정 실리콘

그림 1.3 실리콘의 원자 결합

4) 세라믹 재료

세라믹스란 벌크라고 하는 결정입을 소결한 것으로서 공간과 계면이 장착된 구조로 되어 있다. 다공질인 것이기 때문에 치밀성과 다양한 성질을 나타낸다(그림 1.4).

예를 들면 다공질 세라믹스에 기체나 수분이 주어지면 내부에 확산되어 결정면을 덮어버리는 등 특성을 바꾸기 때문에 가스센서, 습도센서로 이용된다. 또 압전 효과나 초전 효과를 나타내는 것도 있으므로 초음파센서나 적외선센서를 만들 수 있다.

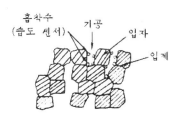

그림 1.4 세라믹스의 구조

5) 고분자 재료

고분자 센서는 일반적으로 플라스틱이나 폴리에틸렌이라고 하는 각종 재료의 연신, 분극 처리 또는 각종 물질의 혼합에 의해서 발생되는 전기 전도성, 압전성, 초전성, 가스 투과성 등을 가진 센서이다.

고분자 센서로서는 폴리 염화 비닐에 이온 전도성 캐리어를 혼합한 감온 소자(플라스틱 서미스터), 폴리 불화 비닐리덴(PVF2)에 의한 압전소자 등이 있다. 또 나일론 11, 12의 투과율의 온도 변화, 융점을 이용한 감열 소자, 온도 퓨즈도 있다. 고분자 재료는 유연성이 높고 성형성도 양호하기 때문에 선상이나 박막상으로 만들 수 있어 로봇의 피부 감각이나 인간이 이용하는 기기의 맨머신 센서로 유효하게 이용될 것이다. 그림 1.5(a)는 압력 센서, 그림 1.5(b)와 그림 1.5(c)는 온도센서로 활용될 수 있는 센서이다.

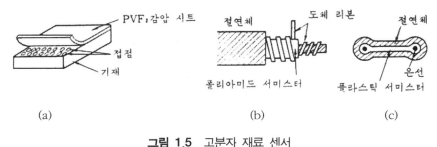

(a)   (b)   (c)

그림 1.5 고분자 재료 센서

1.3 ▸ 센서의 특성평가

모든 요구 성능조건을 만족시키기는 이상적 센서는 존재하지 않으며, 일반적으로 센서의 특성을 평가하기 위해 다음 사항들이 고려된다.

1) 감도(Sensitivity)

감지하고자 하는 대상, 즉 센서의 입력이 $\triangle X$만큼 변화했을 때 출력이 $\triangle Y$만큼 변화했다면 감도는 식 (1.1) 같이 주어진다.

$$감도(s) = \frac{\triangle Y}{\triangle X} \tag{1.1}$$

즉, 감도는 측정대상 양이 변화했을 때 센서의 출력이 얼마나 많이 변화하느냐를 나타내는 것으로, 측정 정밀도 및 정확도를 결정하는 중요한 요소이다.

2) 동작범위(Dynamic Range)

센서가 어느 정도의 입력범위에서 동작을 하느냐, 즉, 감도를 나타내느냐 하는 것을 나타낸다. 물론 넓은 동작범위를 가지는 센서가 요구되는 것이 일반적이나 응용분야에 따라 그렇지 않은 경우도 많이 있다. 예를 들어 체온계의 경우 동작범위는 35~42℃ 정도면 충분할 것이다.

3) 직선성(Linearity)

센서에서 입력을 x, 출력을 y라 했을 때 식 (1.2) 같이 1차 함수관계에 있는 것이 바람직하다.

$$y = kx \hspace{4cm} (1.2)$$
$$k : 감도$$

그 이유는 센서 출력으로부터 직관적으로 입력의 크기를 알 수 있고 신호처리회로도 훨씬 간편해지기 때문이다. 직선성은 입출력 관계가 얼마나 1차 함수로 나타낸다.

4) 히스테리시스(Hysteresis)

그림 1.6은 히스테리시스 특성을 나타내는 센서의 입출력 특성이다. 입력을 증가시키면서 측정할 경우 입력 x_1에 도달했을 때 출력은 y_1이 되나, 입력을 감소시키면서 측정하면 입력이 x_1에 도달했을 때 출력은 y_2로 y_1과 일치하지 않는다. 이러한 특성을 히스테리시스라 하며, $y_2 - y_1$을 히스테리시스차라고 한다. 히스테리시스차는 입력 크기와 입력 변화의 정도에 의존한다. 히스테리시스는 강자성체, 강유전체를 이용하는 센서에서 많이 나타난다.

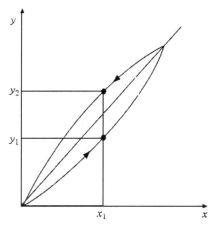

그림 1.6 히스테리시스 특성

5) 선택성(Selectivity)

센서는 측정대상에만 반응을 해야 이상적이다. 예를 들어 압력 센서라고 하면 압력의 변화에만 반응을 해야 한다. 그러나 실제는 그렇지 않다. 압력 센서라고 해도 온도가 변화하면 출력이 변화하게 된다. 단지 압력에 대한 감도가 클 뿐이다. 이처럼 센서는 측정대상뿐 아니라 다른 요소에 의해서도 출력이 변화하게 되는데, 다른 요소보다 측정대상에 대해 얼마나 더 민감하게, 즉, 감도가 높게 반응하느냐 하는 정도를 선택성이라 한다. 일반적으로 물리량 센서보다는 습도, 가스, 이온 등을 감지하는 화학량 센서의 선택성이 나쁘다.

6) 안정성(Stability)

안정도는 매우 넓은 범위의 의미를 가질 수 있지만 측정대상이나 다른 요소가 일정할 경우 센서의 출력은 일정해야 한다. 그러나 시간에 따라 출력이 약간씩 변화하는 경우가 있는데, 이를 드리프트(drift) 현상이라 한다. 그 원인은 센서 구성 재료의 상태변화 등 여러 가지가 있을 수 있다. 안정성은 이러한 드리프트 현상이 얼마나 작은가 하는 정도를 나타낸다.

7) 응답속도(Response Time)

입력이 변화할 때 센서 출력이 얼마나 빨리 따라 변화할 수 있는가하는 정도를 나타낸다.

일반적으로 입력이 갑자기 변화했을 때 센서 출력이 최종값의 90%에 도달하는 시간으로 나타내는 경우가 많다.

1.4 센서의 분류

센서의 종류가 다양한 만큼 센서의 분류방법도 여러 가지가 있다. 센서의 분류 방법에 따른 종류를 표 1.2에 나타내었다.

구성방법에 의한 분류로는 기본 센서와 조립 센서로 나눌 수 있다. 기본 센서란 하나의 소자형 센서로서 구조적 복합성을 가지고 있지 않는 센서이다. 포토다이오드, 서모커플, 홀소자 등의 센서가 여기에 속한다. 조립 센서는 응용의 용이성, 또는 좀 더 편리한 출력신호를 이끌어내기 위해 여러 개의 센서, 전자소자가 결합 된 유닛형 센서를 이야기한다. 예를 들어, 인코더, 광전 센서 등이 이에 속한다.

표 1.2 센서의 분류방법

분류방식	센 서
구성방법	기본 센서, 조립 센서
측정대상	광센서, 이미지 센서, 적외선 센서, 온도 센서, 습도 센서, 기하학량 센서, 압력 센서 등
구성재료	반도체 센서, 세라믹 센서, 고분자 센서, 효소 센서 등
검출방법	전자기적 센서, 광학적 센서, 화학적 센서, 역학적 센서 등
동작방식	능동형 센서, 수동형 센서
출력방식	아날로그형 센서, 디지털형 센서

측정대상에 다른 분류는 측정하고자 하는 대상이 무엇인가에 따른 것으로, 예를 들어 광을 측정하는 센서라면 광센서가 된다.

구성재료에 따른 분류는 센서를 이루고 있는 재료가 무엇인가에 따른 것으로, 예를 들어 반도체로 만들어진 센서는 그 측정 대상에 관계없이 반도체센서가 된다.

검출 방법에 따른 분류는 센서의 검출방법이 무엇을 이용하느냐에 따른 것으로, 예를 들어 센서가 광을 이용해 어떤 물질을 측정한다면 광학적 센서가 된다.

동작방식에 따른 분류에서 능동형 센서는 센서측에서 측정대상에 어떤 신호를 주어, 이에 따른 현상을 측정해 감지하는 방식으로, 광전 센서, 초음파 센서 등이 이에 속한다. 수동형 센서는 측정대상의 자발적 특성을 센서가 받아 감지하는 방식으로, 포토다이오드, 열전대 등 많은 센서가 이에 속한다.

출력방식에 따른 분류에서 아날로그형 센서는 연속적인 아날로그신호가 출력되며, 일반적인 방식이다. 디지털형 센서는 스위치형 센서와 디지털 센서로 나뉠 수 있다. 스위치형 센서는 출력이 on/off 2가지 상태로 광전 스위치, 근접스위치, 바이메탈 등이 이에 속한다. 디지털 센서는 펄스 또는 코드화된 신호출력이 얻어지는 형태이고, 대표적인 센서로 인코더가 있다.

표 1.3에서는 측정대상 분류에 따른 센서 종류의 예를 나타내었다.

표 1.3 측정대상 분류에 따른 센서 종류

분 류	대 상 센 서 종 류
광 센 서	• 광전자 방출형 센서 : 광전관, 광전자증배관 • 광도전형 센서 : CdS, PbS 광도전셀 • 접합형 센서 : 포토 다이오드, 포토트랜지스터, 컬러센서, 광위치검출기
이미지 센서	• 촬상관 • 고체 이미지 센서 : CCD형, MOS형 센서
적외선 센서	• 열형 센서 : 초전형 센서, 서모파일, 볼로미터 • 양자형 센서
온도 센서	금속저항 온도 센서, 서미스터, 열전대, IC온도 센서, 방사온도계
습도 센서	전해질 습도 센서, 고분자 습도 센서, 세라믹 습도 센서
자기 센서	홀소자, 반도체 자기저항소자, 강자성체 자기저항소자
변위 센서	전위차계, 차동변압기, 인코더
위치·근접 센서	광전 센서, 근접스위치
압력 센서	스트레인게이지형, 반도체형
화학 센서	가스 센서, 이온 센서, 바이오센서

연습문제

1. 센서와 트랜스듀스의 차이점을 설명하시오.

2. 홀효과에 관하여 설명하시오.

3. 맨머신 센서로 이용되는 센서에 관하여 설명하시오.

4. 히스테리시스 현상에 관하여 설명하시오.

5. 능동형 센서와 수동형 센서에 관하여 설명하시오.

02 광 센서

2.1 광 센서의 개요

2.1.1 광검출의 기본 원리

광신호를 전기 신호로 변환하는 물리적인 효과는 수없이 많지만 파장 범위를 1μm 이하로 제한하면 실제로 이용되는 효과는 몇 종류로 제한된다. Si 포토다이오드는 이 파장 범위의 광 센서이며, 또한 특수한 용도로는 CdS 광도전셀과 광전관 등이 사용되고 있다.

1) 광전 효과

(1) 내부 광전 효과

이 효과는 반도체 내에 조사된 빛에너지에 의해 과잉의 전자나 정공이 반도체 내부에 발생하는 현상으로써, 그림 2.1에 나타낸 바와 같이 빛에너지에 의해 전자는 반도체의 가전자대에서 전도대로 여기되고, 가전자대에서는 정공을 발생시키게 된다.

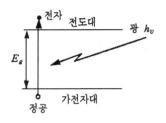

그림 2.1 내부 광전 효과

(2) 외부 광전 효과

외부 광전 효과는 광전자 방출 효과라고 하며, 그림 2.2와 같이 가전자대에서 빛에너지에 의해 진공 레벨보다 위에서 여기된 전자가 반도체의 표면을 넘어 외부로 방출되는 현상을 말한다. 전자가 진공 레벨보다 위에서 여기되기 위해서는 금지대보다도 ϕ_A만큼 더 큰 에너지가 필요하다.

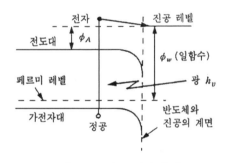

그림 2.2 외부 광전 효과

2) 광전도 효과

광전도 효과는 내부 광전 효과에 의해 발생한 여분의 전자와 정공에 의해서 도전율이 증가하는 가장 단순한 현상이다.

열평형 상태의 전자와 정공의 농도를 각각 n_0, p_0, 이동도를 μ_n, μ_p로 하면 도전율 σ_0는

$$\sigma_0 = n_0 e \mu_n + p_0 e \mu_p \tag{2.1}$$

이 된다. 빛의 조사에 의해 전자와 정공 농도가 각각 Δn, Δp만큼 증가하였다면, 도전율은

$$\sigma = (n_0 + \Delta n)e\mu_n + (p_0 + \Delta p)e\mu_p \tag{2.2}$$

로 나타나며, 따라서 도전율의 증가분 $\Delta\sigma$는

$$\Delta\sigma = \sigma - \sigma_0 = e(\Delta n\mu_n + \Delta p\mu_p) \tag{2.3}$$

이다. 빛에 의해 단위 시간, 단위 체적당 f 개의 전자와 정공이 발생하고, 각각의 수명이 τ_n, τ_p이면

$$\Delta n = f\tau_n, \ \Delta p = f\tau_p \tag{2.4}$$

가 된다. 식 (2.4)를 식 (2.3)에 대입하면

$$\Delta\sigma = ef(\tau_n\mu_n + \tau_p\mu_p) \tag{2.5}$$

가 된다. 식 (2.5)에서 보면 수명이 길고, 이동도가 클수록 도전율의 변화는 크며, 감도가 높아진다.

3) 광기전력 효과

광기전력 효과는 빛의 조사에 의해 기전력을 발생하는 현상으로, 반도체의 pn 접합을 이용한 것이다. 반도체의 pn 접합부에서는 내부 퍼텐셜이 형성되고, 역바이어스를 pn 접합에 걸면 기전력은 더욱 크게 발생한다. 이 pn 접합부에 빛을 조사하면 여기된 전자와 정공은 내부 퍼텐셜에 의해 반대 방향으로 가속되어 전류가 흐른다. 영바이어스나 역바이어스의 상태에서는 빛의 조사량에 비례한 전류가 흐르며, 개방 상태에서는 pn 접합의 양단에 전압이 발생한다. 이것을 광기전력 효과라고 한다.

2.1.2 광센서의 분류

광센서란 자외선광에서 적외선광까지 파장 영역의 광선을 검지하여 전기 신호로 변환되어 출력되는 전자 디바이스로 표 2.1에 광센서의 분류를 나타내었다. 광센서의 종류에는 포토다이오드를 비롯하여 포토트랜지스터, 포토IC, CdS셀, 태양전지, 이미지 센서 등이 있으며, 특수한 센서로는 광전관, 포토말, 촬상관 등 진공관류가 있다. 최근에는 광파이버를 이용한 센

서도 개발되어 광센서는 더욱 다양화지고 있다.

표 2.1 광 센서의 분류

접합 유	PN 포토다이오드	Si, Ge, GaAs
	PIN 포토다이오드	Si
	APD	Si, Ge
	포토트랜지스터	Si
	포토IC, 포토사이리스터	Si
접합 무	광도전 셀	CdS, CdSe, CdS · Se, PbS
	초전 소자	PZT, $LiTaO_3$, $PbTiO_3$
진공관류	광전관, 포토말, 촬상관	
기타	컬러 센서	Si, a-Si
	고체 이미지 센서	CCD형(Si) MOS형(Si), CPD형(Si)
	위치 검출용 소자	Si
	태양 전지	Si, a-Si

1) 광도전형 광센서

반도체에 빛이 닿으면 전자와 정공이 증가하고, 광량에 비례하는 전류가 증가하는 현상을 이용한 광센서이다.

카메라의 조도계로서 오래전부터 알려져 있는 황화카드뮴 광센서가 대표적인 예이며, 광도전 물질을 이용한 촬상관도 이 종류의 센서에 포함된다.

2) 광기전력형 광센서

포토다이오드가 대표적인 센서로서 Si 단결성을 기판으로 사용하고, 열확산법에 의해 기판과 극성이 다른 불순물을 도핑하는 것에 의해 pn 접합을 형성한 반도체 디바이스로 빛이 pn 접합에 조사되면 전자정공쌍이 다수 발생하며 양 전극 간에 기전력이 발생한다. 이 센서는 인가전압이 필요하지 않으므로 사용법이 아주 간단하다.

태양전지도 이 분야의 센서에 포함되며, 포토트랜지스터, 광사이리스터, VTR 카메라에 사용되고 있는 Si CCD 이미지 센서도 이 종류의 광센서에 속한다.

3) 복합형 광센서

발광원으로서의 LED와 포토다이오드, 포토트랜지스터, 광사이리스터를 일체화한 포토커플러, 포토인터럽터 등을 복합형 광센서라고 한다. 현재 LED의 고휘도화, 광센서의 저잡음화, IC화가 진행되어 복합형 광센서도 고정밀도·고성능화를 시도하고 있다.

2.2 포토다이오드

포토다이오드는 n형 기판상에 p형층을 형성시킨 pn 접합부에 발생하는 광기전력 효과를 이용한 소자이며, 입사광을 유효하게 이용하기 위해 표면에 산화실리콘막(SiO_2)으로 구성되어 있다. 포토다이오드의 재료는 pn 접합을 형성할 수 있는 것으로, Si, Ge, GaAs, InGaAs 등이 사용된다. 재료, 형상, pn 접합의 위치 등에 의해서 수광 파장 영역이 달라진다. 그림 2.3에 포토다이오드의 동작 원리를 나타내었다. 입사광의 에너지가 밴드갭 에너지(E_g)보다 크면 전자는 전도대로 끌려 올라가게 되며, 가전자대에는 정공이 남게 된다. 이 현상은 소자 내의 p층, 공핍층, n층에서 발생하며, 공핍층에는 전계의 작용에 의해서 전자는 n층으로, 정공은 p층으로 각각 가속된다.

n층에서 발생한 전자는 p층으로부터 이동한 전자와 함께 n층 전도대로 집결된다. 또한 정공은 n층 내에서 pn 접합까지 확산 가속되어 p층 가전자대로 집결한다. 따라서 포토다이오드 내에는 입사광량에 비례하여 p층에는 정(+)으로, n층에는 부(−)로 각각 대전하여 일종의 발전기를 형성한다. 구조적으로는 분류하면 그림 2.4와 같이 pn형, PIN형, 애벌란시(APD)형, 쇼트키 접합형 등이 있다.

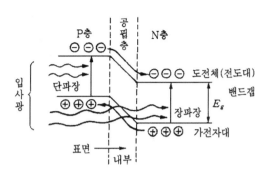

그림 2.3 포토다이오드의 동작 원리

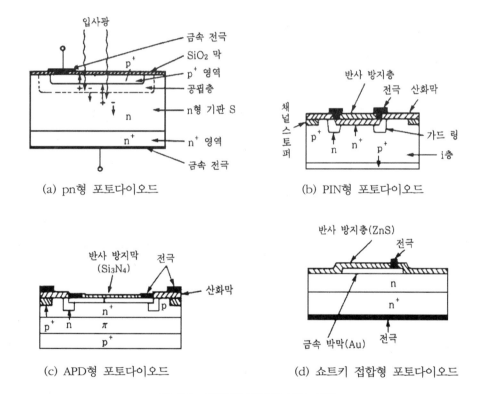

그림 2.4 포토다이오드의 내부 구조

포토다이오드의 수광 영역은 주로 접합 구조로 정해지지만, 일반적으로 400~1,100nm의 파장 영역에서 사용되며, 특히 700~900nm에서 최대 감도를 나타낸다. 포토다이오드의 특징은 다음과 같다.

① 입사광에 대한 광전류 출력의 직선성이 좋다.

② 응답 특성이 양호하다.

③ 광대역의 파장 감도를 갖는다.

④ 저잡음이다.

⑤ 소형, 경량이다.

⑥ 진동, 충격에 강하다.

⑦ 출력 전류가 작다.

2.3 · 포토트랜지스터

포토트랜지스터는 n형 기판상에 p형의 베이스 영역을 형성하고, n형의 이미터를 형성한 구조로 되어 있다. 반도체 재료는 대부분이 Si이고, 그 외에 Ge이 사용되고 있다. 대부분 트랜지스터형으로 베이스 표면에 빛이 입사하면 역바이어스된 베이스-켈렉터 사이에 광전류가 흐르고, 이 전류가 트랜지스터에 의해 증폭되어 외부 리드선에 흐른다. 달링톤 트랜지스터형인 경우에는 전류는 다시 다음 단의 트랜지스터에 의해 증폭되므로, 외부의 리드선에 흐르는 광전류는 처음 단의 베이스-켈렉터 사이를 흐르는 광전류가 처음 단과 다음 단의 트랜지스터 전류 증폭률과의 곱으로 인하여 대출력이 얻어진다.

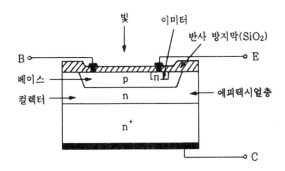

그림 2.5 트랜지스터형 포토트랜지스터의 구조

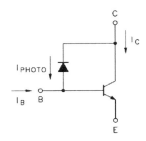

그림 2.6 포토트랜지스터의 등가회로

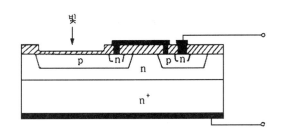

그림 2.7 달링톤 트랜지스터형 포토트랜지스터의 구조

현재 가장 많이 사용되고 있는 수광 소자로서, 대개 500~1,600nm의 파장 영역에서 사용되며, 특히 800nm 부근에서 최대 감도를 갖고 있다.

포토트랜지스터의 특징은 다음과 같다.

① 포토다이오드에 비해 출력되는 광전류가 크다.

② 전기적 잡음도 적고, 큰 S/N비를 얻을 수 있다.

③ 신뢰성이 높다.

④ 소형화할 수 있다.

⑤ 전류 증폭률이 크다.

⑥ 진동과 충격에 강하다.

⑦ 가격이 싸다.

⑧ 암전류가 적다.

⑨ 이력 현상이 없다.

⑩ 포토다이오드에 비해 입사광에 대한 광전류의 직선성이 나쁘다.

⑪ 고감도인 것일수록 응답 속도가 늦다.

⑫ 포화 전압이 높다.

2.4 · CdS 셀

CdS 셀은 광도전 소자의 분류에 속하며, 조사된 빛에너지에 따라 내부 저항이 변화하는 디바이스로, 일종의 광가변 저항기로 생각하면 된다.

CdS 셀은 황화카드뮴을 주성분으로 한 광도전 소자이다. CdS 셀 외에 CdSe, CdS · Se 등이 있다. 어느 것이든 광도전 효과를 응용한 것으로서, 그 용도는 광범위하게 사용되고 있다. 또 CdS 셀은 그 제조법에 따라 단결정형, 소결형(다결정형), 증착형 등으로 분류된다.

다결정의 경우는 세라믹 등의 기판 위에 미세한 결정층을 형성시키기 때문에 임의의 형상으로 만들 수 있고, 단결정의 소자에 비해 수광 면적을 크게 할 수 있으며, 높은 감도를 얻을 수 있다.

특히 CdS는 분광 감도 특성이 인간의 시감도 특성과 유사하기 때문에 가로등의 자동 점멸 장치용 센서, 카메라의 자동 노출 장치(AE), 도로 표지등, 일조도계 등에 널리 사용되고 있다.

2.4.1 CdS 셀의 특징

그림 2.8에 CdS 셀의 형상과 단면 구조를 나타내었다. 크기는 외경이 5~31.5mm인 각종 타입이 있다. 또 CdS 셀은 습기에 약하기 때문에 기밀 봉함되어 있는데, 그 방법으로는 글라스 봉입형과 메탈 케이스형이 있으며, 저가격화를 꾀한 것으로 플라스틱 케이스형과 수지 코팅형이 있으나, 코팅 재료의 개량으로 내후성의 신뢰성이 향상되고 저가격, 형상의 자유도에 의해서 현재는 수지 코팅형이 많이 보급되어 있다.

CdS 셀의 특징은 다음과 같다.

① 가시광 영역에 분광 감도를 가지고 있다.

② 비교적 큰 전류가 출력으로 잡힌다.

③ 교류 동작이 가능하다.

④ 잡음에 강하다.

⑤ 다른 포토 센서에 비해 응답 속도가 늦다.

⑥ 저조도 특성은 전력(조건)에 의존한다.

⑦ 가시광 영역에 분광 감도를 가지고 있으므로 주위광이 외란광으로 되기 쉽다.

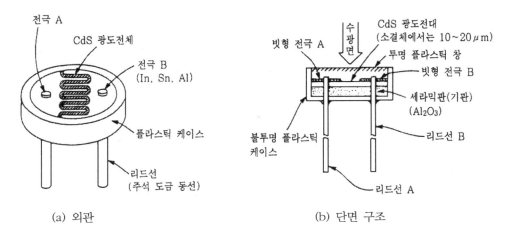

(a) 외관   (b) 단면 구조

그림 2.8 CdS 셀의 외관과 단면 구조

2.4.2 CdS 셀의 동작 원리

그림 2.9에 CdS 셀의 구조를 나타내었다. CdS 셀의 양단에 전극을 설치하고, 암흑 속에 놓고, 전압 V를 인가하면 전류계에 미소한 전류(암전류)가 흐른다. 이 전류는 미소하기 때문에 소자는 높은 저항을 나타낸다. 이 CdS 셀에 빛을 조사하면 전류(명전류)가 흐른다. 명전류는 보통 신호 성분을 나타내며, 암전류는 잡음 성분을 나타낸다.

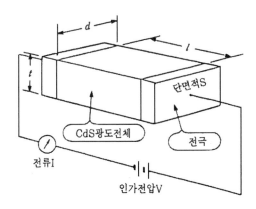

그림 2.9 CdS 셀의 구조

CdS 셀의 저항값은 조사광이 강해지면 낮아지고, 조사광이 약해지면 높아진다. 이와 같이 CdS 셀의 저항값은 빛의 강약에 의해 변화한다. 이 성질을 이용하는 것이 CdS 셀의 기본 동작 원리이다.

2.5 포토인터럽트

포토인터럽트는 적외 LED와 포토트랜지스터를 조합하여 일체화한 것으로, 물체의 검출을 목적으로 한 센서이다. 그림 2.10의 구조에서 알 수 있듯이 발광부와 수광부가 대향 배치되어 있어 이 사이에 물체가 들어가면 빛이 차단되고, 수광부의 광전류가 차단되는 것이 기본적인 구조이다.

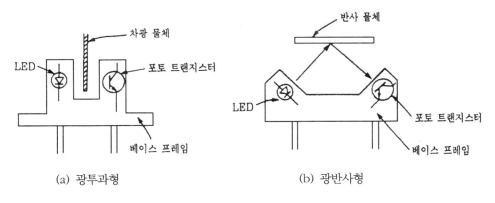

(a) 광투과형   (b) 광반사형

그림 2.10 포토인터럽트의 구조

광원은 적외광이 일반적이지만 가시광도 이용된다. 가시광의 경우에는 빛이 눈에 보이므로 센서의 동작 상태를 쉽게 체크할 수 있는 이점이 있다. 이 센서는 빛을 ON/OFF에 의해 비접촉으로 물체의 유무를 검출하는 것이 큰 특징이다. 그 밖에 포토아이솔레이터와 같은 특징을 갖추고 있는 것도 있다. 포토인터럽트의 응용 분야는 날로 확대되고 있으며 전기부와 기계부의 결합, 회전 속도의 제어, 계수, 경보 장치 등이 주된 응용 분야이다.

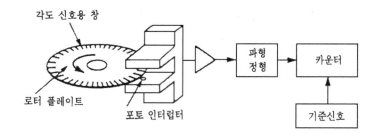

그림 2.11 포토인터럽터를 사용한 회전수 측정

2.6 · 광파이버 센서

2.6.1 광파이버 센서의 원리

광파이버 센서는 광전 스위치와 광파이버를 조합시킨 것으로, 광파이버의 유연성을 이용하여 공간적으로 제약을 받지 않고 검출할 수 있는 광센서이다. 광파이버의 유연성 때문에 복잡하고 미세한 부분에 접근할 수 있으며, 나쁜 환경에서도 높은 신뢰성을 얻을 수 있어 최근에 자동화용 센서로 널리 사용되고 있다. 광파이버는 그림 2.12과 같이 굴절률이 높은 코어와 굴절률이 낮은 피복으로 구성되어 있다.

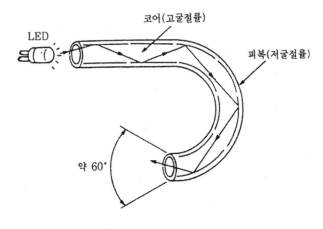

그림 2.12 광파이버의 원리

코어에 빛이 입사하면 피복과 경계면에서 전반사가 반복해서 일어나면서 빛은 앞으로 진행한다. 광파이버 내를 통과하여 다른 쪽 끝에 도달한 빛은 약 60°의 각도로 넓게 검출체에 조사된다.

2.6.2 광파이버 센서의 분류 및 특징

광파이버 센서는 광파이버의 재질에 따라 플라스틱형과 유리형으로 분류한다. 플라스틱형 광파이버의 코어는 아크릴계 수지로 되어 있고, 폴리에틸렌계의 피복으로 싸여 있어 가볍고 잘 부러지지 않으며 가격도 싸서 많이 사용되고 있으나, 광투과율이 적고 열에 약한 단점이 있다. 유리형 광파이버의 코어는 글라스 파이버로 되어 있고, 스테인리스 피복으로 싸여 있다. 광투과율이 좋고 높은 온도에서 사용할 수 있지만 무겁고, 가격이 비싼 단점을 가지고 있다.

광파이버 센서는 광파이버의 형상에 따라 분할형, 평행형, 동축형, 랜덤 확산형으로 분류된다. 평행형은 플라스틱형 파이버를 사용하며 2개의 코어가 분할되어 있고, 동축형은 작은 코어가 큰 코어의 중심에 동심원상으로 배열되어 있어 어느 방향으로 검출체가 통과해도 동작 위치가 변하지 않는 고정도 타입이며, 랜덤 확산형은 수 μm인 여러 개의 가느다란 글라스형 파이버가 무작위로 묶여져 있는 형상이다. 또, 분할형은 광전 스위치의 투과형과 같이 랜덤 확산형의 광파이버가 투광부와 수광부로 분리되어 있다.

광파이버 센서의 특징은 다음과 같다.
① 유연성이 우수하다.
② 소형 물체의 검출이 용이하다.
③ 내환경성이 우수하다.
④ 고온의 환경에서도 사용 가능하다.

광파이버 센서의 광원은 적색광, 녹색광 및 적외광이 있다. 일반적인 용도에는 적색 광원을 사용하고 있다. 그 이유는 플라스틱형 광파이버의 파장 특성과 광원이 되는 발광 다이오드의 결합이 휘도 면에서 효율이 가장 좋기 때문이다. 녹색 광원은 주로 마크 검출이나 반투명체 검출에 적합하고 적외 광원은 불투명체의 검출에 적합하다. 이들 광원을 비교하여 표 2.2에 나타내었다.

표 2.2 광파이버 센서의 광원

종류	재료	파장	발광 효과	응답 속도	특징
적색광	GaAsP	약 660nm	보통	수 ns ~ 수십 ns	근거리 검출에 사용
녹색광	GaP	약 550nm	낮다	수십 ns	주로 검출에 사용
적외광	GaAs	약 930nm	높다	수 ns	투과성이 우수

2.6.3 액면 검출용 광파이버 센서

센서의 선단부가 공기 중에 있을 때에는 테플론과 공기 굴절률의 차가 크기 때문에 빛이
전반사되어 원래의 방향(수광부)으로 되돌아간다. 이에 비해 액 중에 있을 때에는 테플론과
액체 굴절률의 차가 작기 때문에 빛은 거의 액 중에 방사되어 수광부로 돌아가지 않는다. 이
특성을 이용하여 액체의 유무를 검출한다.

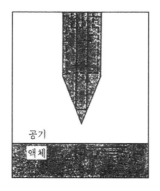

그림 2.13 액면 검출용 광파이버 센서의 원리

연습문제

1. 광검출의 동작 원리에 관하여 설명하시오.

2. 포토다이오드의 종류를 분류하고 그 특징을 설명하시오.

3. 포토트랜지스터 응용 분야에 관하여 설명하시오.

4. 포토다이오드와 포토트랜지스터의 특징을 서로 비교하여 설명하시오.

5. 빛의 양과 CdS 셀의 저항값의 관계를 설명하시오.

6. CdS 셀의 응용 분야에 관하여 서술하시오.

7. 광파이버 센서의 특징에 관하여 설명하시오.

CHAPTER 03 온도 센서

3.1 온도 센서의 개요

인간의 질병 유무를 감지하기 위해 체온계가 사용되기 시작된 이후 여러 분야에서 온도 계측이 필요하게 되었다. 측정 대상은 기체, 액체, 고체, 플라스마, 생체 등과 같이 다양하며, 측정 공간도 미생물에서 지구 전체에 이르기까지 광대하다. 따라서 온도 센서의 종류도 엄청나게 많으며, 온도 계측 기술을 크게 분류하면 측정하고자 하는 물체나 환경에 직접 센서를 접촉하여 측정하는 접촉 방식과 피측정물에서 방사되는 적외선을 원격 관측하는 비접촉 방식으로 분류된다.

일반적으로 접촉 방식에는 측온저항체 와 서미스터, 열전대, 반도체 온도 센서, 수정 온도 센서, 감열 페라이트, 액정 온도계, NQR 온도계 등이 있고, 비접촉 방식에는 서모파일과 파이로 센서 등이 있다.

현재 온도 센서는 룸에어컨, 건조기, 냉장고, 전자레인지 등의 가전 제품, 자동차 엔진 등의 온도 측정에 사용되고 있으며, 또한 화학 공장의 용액이나 기체의 온도를 검지하는 데에 활용되고 있다.

온도 센서는 사용 목적, 측정 온도, 필요로 하는 정밀도 등에 따라 선정하여 사용하여야 한다.

표 3.1 접촉 방식과 비접촉 방식의 특징

	접 촉 방 식	비 접 촉 방 식
필요 조건	• 측정 대상과 검출 소자를 잘 접촉시켜 야 한다. • 측정 대상에 검출 소자를 접촉시켰을 때, 측정량이 실용상 달라지지 않아야 한다.	• 측정 대상에서의 방사가 충분히 검출 소자에 도달해야 한다. • 측정 대상의 실효 방사율이 명확하게 알 려져 있거나, 재현이 가능해야 한다.
특 징	• 열용량이 적은 측정 대상에서는 검출 소자의 접촉에 의한 측정량 변화가 발 생하기가 쉽다. • 움직이고 있는 물체의 온도는 측정하기 어렵다. • 측정 개소를 임의로 지정할 수 있다.	• 검출 소자의 접촉이 필요하지 않으므로 측정으로 인해 측정량이 변화하는 일은 거의 없다. • 움직이고 있는 물체 온도도 측정할 수 있다. • 일반적으로 표면 온도를 측정한다.
온도 범위	• 1,000℃ 이하의 온도 측정은 용이하다.	• 일반적으로 고온 측정에 적합하다.
정 도	• 일반적으로 눈금 스팬의 1% 정도이다.	• 일반적으로 10℃ 정도이다.
지 연	• 일반적으로 크다.	• 일반적으로 작다.

현재 많이 사용되고 있는 온도 센서의 특징을 나열하면 표 3.2와 같다.

표 3.2 온도 센서 종류별 특징

	장 점	단 점
열전대	• 작은 곳의 온도 측정이 가능하다. • 지연을 작게 할 수 있다. • 진동, 충격 등에 대해 견고하다. • 온도차를 측정하는 데에 편리하다. • 가격이 저렴하다.	• 기준 접점이 필요하다. • 기준 접점 및 보상 도선에 의한 오차 를 고려할 필요가 있다. • 상온 부근에서는 보정에 주의하지 않으 면 좋은 정도를 얻기가 어렵다.
측온 저항체	• 어떤 크기 부분의 평균 온도 측정에 편 리하다. • 기준 접점 등이 필요없다. • 열전대에 비하여 상온 부근에서 정도가 좋다.	• 지연을 작게 하기가 어렵다. • 진동이 심한 장소에서는 파손의 우려가 있다.
서미스터	• 작은 곳의 온도 측정을 할 수 있다. • 지연을 작게 할 수 있다. • 감도가 매우 좋다. • 도선의 저항에 의한 오차를 무시할 수 있는 경우가 많다.	• 저항과 온도와의 비직선성이 크다. • 자기 가열에 주의하지 않으면 안 된다. • 대개의 경우 호환용 저항이 필요하다. • 충격에 의해 파손될 우려가 있다.

3.2 열전대

열전대는 그림 3.1과 같이 2종류의 금속선의 한 끝을 접합하면 개방된 다른 끝에는 접합부와의 온도차에 따라 기전력이 발생되는 제백 효과를 이용한 것으로, 그림 3.1에서와 같이 접속한 접합점을 측온 접점(열접점), 다른 끝을 기준 접점(냉접점)이라고 한다. 열전대는 기준 접점에서 발생한 열기전력을 전압계 또는 전위차계로 재서 온도를 측정한다. 열전대를 사용한 온도계는 열전대, 보상 도선, 기준 접점, 동 도선 및 표시 계기 등으로 구성된다. 구조가 간단하고 취급이 간편하므로 공업적으로 널리 사용되고 있다.

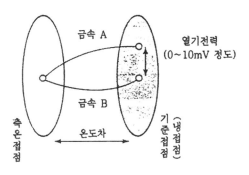

그림 3.1 열전대의 원리

열전대에 사용되는 재질의 필요 조건은 다음과 같이 갖추어야 한다.
① 열기전력이 충분히 클 것.
② 온도의 상승에 따라 열기전력도 연속적으로 증가할 것.
③ 장시간의 사용에도 열전대의 소모가 적고 재질의 경년 변화가 적을 것.
④ 가공이 용이할 것.
⑤ 너무 고가이지 않을 것.

열기전력과 온도의 관계에는 다음과 같은 법칙들이 있다.

1) 균일 회로의 법칙

1종류만의 균일 재료로 이루어진 회로에서는 형상, 온도 분포가 달라도, 열을 가해도 열전류는 흐르지 않는다.

2) 중간 온도의 법칙

열전대의 접점 온도가 t_1, t_3일 때의 열기전력 $E(t_3, t_1)$은 열전대의 접점 온도가 t_1, t_2일 때의 열기전력 $E(t_2, t_1)$과 t_2, t_3일 때의 열기전력 $E(t_3, t_2)$의 합과 같다. 따라서 이것을 수식으로 나타내면 식 (3.1)과 같다.

$$E(t_3, t_1) = E(t_3, t_2) + E(t_2, t_1) \tag{3.1}$$

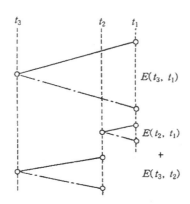

그림 3.2 중간 온도의 법칙

3) 중간 물질의 법칙

a, b의 2금속으로 이루어진 열전대에 제3의 금속 c가 삽입된 경우의 열기전력에 대한 법칙으로, 이것을 수식으로 나타내면 다음과 같다.

$$E(a, b) = E(a, c) + E(c, b) \tag{3.2}$$

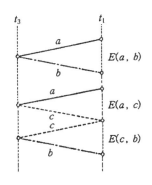

그림 3.3 중간 물질의 법칙

그림 3.4는 열전대의 종류를 나타낸 것이다. 그림 3.4(a)는 소선만을 사용한 경우로, 물체 표면의 온도가 비교적 낮은 경우의 측정에 사용하며, 주로 실험실에서 이용한다. 그림 3.4(b)는 보호관이 있는 경우로서 기계적 강도, 내열성, 내식성 등의 목적 때문에 보호관에 넣어 사용하며, 주로 공업용으로 쓰인다. 보호관이 있는 열전대는 단자, 보호관, 열전대 소선으로 구성되어 있다. 보호관에는 스테인리스 등을 사용한 금속 보호관과 알루미늄 자기 등의 비금속 보호관이 있다. 또 고온뿐 아니라 환경 조건이 나쁜 곳에서도 사용할 수 있는 것으로, 그림 3.4(c)같이 생긴 금속관(금속 시스) 속에 열전대 소선을 넣고, 그 주위에 무기 절연물(MgO 또는 Al_2O_3)을 단단하게 채워서 열전대 소선 간 및 금속 시스와 열전대 간을 절연함과 동시에 소선을 기밀 상태로 해서 부식과 열화를 방지한 시스형이 있다. 시스형은 보호관이 있는 열전대에 비해 응답이 빠르고 내열성이나 내진성이 우수하며, 어느 정도의 굽힘도 가능하다. 외형 치수는 0.2~8mm 정도 있고, 피측정체에 납땜해서 사용할 수도 있다.

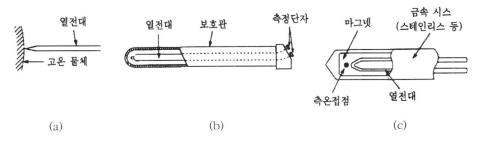

그림 3.4 열전대의 종류

열전대로 온도를 측정하는 경우에 원리적으로는 열전대를 그대로 계기에 접속하는 것이 이상적이다. 그러나 측정점과 계기까지의 거리가 먼 경우에는 열전대 소선을 계기까지 연장하면 비용이 많이 들기 때문에, 열전대의 소선을 대신할 수 있는 것으로 열전대와 동일하거나 유사한 열기전력 특성을 가진 2종류의 도체를 1조로 한 도선을 사용하여 열전대와 계기 간을 접속한다. 이 도선의 보상도선이라 하며, 접속 방법은 그림 3.5와 같다.

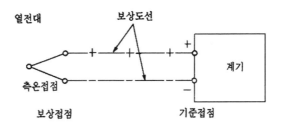

그림 3.5 열전대와 보상도선의 접속

보상도선에는 열전대의 열기전력 특성이 같은 재질을 사용한 익스텐션(extension)형과, 보상도선의 사용 온도 범위에 열전대의 열기전력 특성과 거의 유사한 재질을 사용한 컴펜세이션(compensation)형이 있다.

익스텐션형은 열전대의 열기전력 특성이 같은 재질을 사용하기 때문에 넓은 온도 범위에 걸쳐 높은 정밀도를 유지할 수 있지만 가격이 높은 것이 결점이다. 한편 컴펜세이션형은 가격은 싸지만 열전대의 열기전력 특성이 유사한 재질이므로 넓은 온도 범위에 걸쳐 높은 오차가 있으며, 사용 온도 범위도 제약되는 결점이 있다.

어느 경우든지 열전대의 종류에 맞는 보상도선을 사용해야 한다. 최근에는 구조가 간단하고, 견고하여 사용하기 쉽지만 기준 접점을 설정해야 하는 번거로움을 피하기 위해 기준 접점의 전압에 해당하는 보상전압을 발생시키는 외에 기전력을 증폭해서 10mV/℃의 출력이 나오는 열전대 신호 처리용 IC도 제작되고 있다.

표 3.3 열전대와 사용 온도

기 호	(+)	(−)	사용 온도 범위(℃)
K(CA)	크로멜	알루멜	−200 ~ +1,000
E(CRC)	크로멜	콘스탄탄	−200 ~ +700
J(IC)	철	콘스탄탄	−200 ~ +600
T(CC)	구리	콘스탄탄	−200 ~ +300
R(RP)	백금 · 로듐(13%)	백금	0 ~ +1,400
S	백금 · 로듐(10%)	백금	0 ~ +1,400
B	백금 · 로듐(30%)	백금	0 ~ +1,550

크로멜(니켈-크롬 합금)   알루멜(니켈-알루미늄 합금)   콘스탄탄(니켈-구리 합금)

열전대의 특징을 나열하면 다음과 같다.

① 소형으로 측정 온도 범위가 넓고, 고온 측정에 적합하다. 다만 온도의 절대값을 기준 온도에 따라 나타내도록 해야 한다.

② 발생하는 열기전력은 두 종류의 금속과 양접점 간의 온도에 따라 정해지며, 금속의 형상이나 치수, 도중의 온도 변화에는 영향을 받지 않는다.

③ 열전대의 종류에는 300℃ 정도의 온도를 측정하는 구리-콘스탄탄, 1,000℃ 정도의 온도를 측정하는 크로멜-알루멜 등 여러 가지가 있다.

3.3 반도체 온도 센서

일반적으로 트랜지스터나 다이오드 소자를 사용하여 회로를 구성할 경우 온도에 민감하기 때문에 온도에 대한 안정성에 많은 노력이 필요하다. 이것은 pn 접합 반도체가 온도에 따라 그 특성이 변함을 나타낸다. 즉, 트랜지스터의 경우 베이스 이미터 접합부의 순방향 전압이 V_{BE}, 이미터 전류가 I_E라면 식 (3.3)과 같다.

$$I_E = I_S(e^{qV_{BE}/KT} - 1) \tag{3.3}$$

I_S : 접합부 온도에 결정되는 포화 전류

T : 절대 온도(K)

q : 전자의 전하$[1.6 \times 10^{-19}C]$

K : 볼츠만 수$[1.38 \times 10^{-23}J/K]$

이와 같이 비직선적이지만 온도에 의하여 반도체의 도전율이 변함을 알 수 있다.

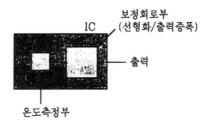

그림 3.6 반도체 온도 센서

반도체 온도 센서는 소형화할 수 있으며, 온도 변화에 대하여 정밀성을 나타내고, 응답 특성이 대단히 빠르다. 그러나 비직선적 출력을 나타내므로 OP앰프 등을 사용하며 보정해 주어야 한다. 측정 온도 범위는 좁은 편이며, 대개 −55~150℃ 범위에서 사용된다. 반도체 온도 센서는 일반적으로 온도 측정 및 의료기에 응용된다.

3.4 ▸ 서미스터

서미스터는 온도 변화에 의해서 소자의 전기 저항이 크게 변화하는 대표적인 반도체 감온소자이다. 서미스터는 열에 민감한 저항체라는 의미로 오래 전부터 실용화되어 현재에도 많이 사용되고 있다.

현재 사용되고 있는 대부분의 서미스터는 Mo, Ni, Co 등의 산화물(반도체)이다. 이것을 기본 동작 특성에 의해서 분류하면, 온도가 상승함에 따라 전기 저항이 지수 함수적으로 감소하는 부(−)의 온도 계수를 갖는 NTC 서미스터, 반대로 비직선적으로 현저하게 저항이 증가하고 전체적으로 정(+)의 온도 계수를 갖는 PTC 서미스터, 또는 NTC와 특성이 같지만 어떤 온도 경계에서 전기 저항이 갑자기 감소하는 CTR 서미스터로 분류된다. 단순히 서미스터라고 할 때는 NTC 서미스터를 말하며, PTC, CTR은 넓은 온도 범위의 온도 센서로는 사용할 수 없으나, 특정한 온도(저항이 급변하는 온도)를 초과하는가를 검출하는 데에 사용하면 편리하다.

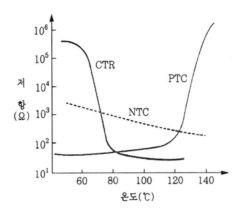

그림 3.7 서미스터의 온도 대 저항

서미스터는 크기와 형태 등이 다양하며, 재료에 따라 많은 특성적 차이를 나타낸다. 온도 센서로는 대개 NTC가 많이 사용되는데, NTC 서미스터의 온도 T(K)에 대한 저항은 식 (3.4)와 같이 나타낼 수 있다.

$$R = R_0 e^{B(1/T - 1/T_0)} \tag{3.4}$$

T : 절대 온도(K)
T_0 : 초기 온도(K)
R_0 : T_0에서의 서미스터 저항값
B : 서미스터 정수

식 (3.4)에서 서미스터의 저항 온도 계수 α(%/deg)를 구하면 식 (3.5)와 같이 된다.

$$\alpha = \frac{1}{R} \cdot \frac{dR}{dT} = -\frac{B}{T^2} \times 100 \tag{3.5}$$

식 (3.5)를 보면 온도 T의 제곱에 반비례하는 저항값을 나타냄을 알 수 있다.

　서미스터는 일반적인 저항 소자와 같이 그 자체가 기본적인 저항값을 갖고 있을 뿐만 아니라 발열체로도 동작하기 때문에 전력 용량으로 표시되고 있다. 따라서 전자 회로의 온도 보상 소자로 많이 사용되고 있으며, 특히 PTC 같은 경우에는 자동 온도 제어 회로의 발열체로도 이용되고 있다. 서미스터는 용도에 따라서 수십 μW에서 수십 W(watt)까지 여러 가지 규격이나 특성으로 제작되고 있으므로 손쉽게 이용할 수 있다.

3.4.1　NTC 서미스터

1) 원리

　NTC 서미스터는 NiO, CoO, MnO, Fe_2O_3 등을 주성분으로 한 것이고, 스피넬 구조에 가까운 결정 구조를 갖고 있다. 현재 사용되고 있는 서미스터는 정수(B)가 2,000~6,000K 정도이고, 사용할 수 있는 온도 범위는 -50~$300℃$ 정도까지이다.

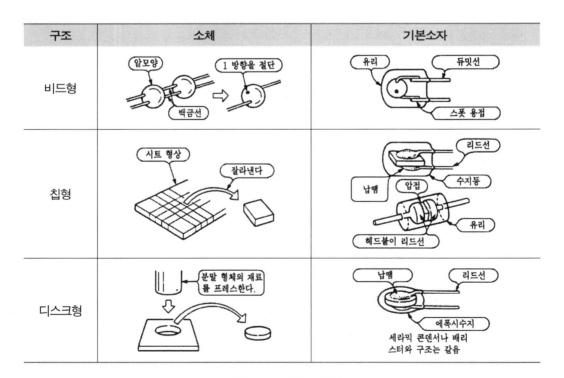

그림 3.8　NTC의 구조

2) 특징

① 비드형 서미스터 : 유리로 봉입되어 있으며, 신뢰성과 안정성이 아주 뛰어나다. 소체 부분을 주사기로 액의 방울을 떨어뜨려 만드는 방식에서 프레스나 인쇄에 가까운 방식으로 변화해 가고 있는 추세이다. 손으로 만드는 경향이 많아 고가이며, 온도 계측에 사용되고 있다.

② 칩형 서미스터 : 최근에 대량으로 생산되고 있으며, 저가격으로 정확도가 높은 것이 출하되고 있다. 주로 온도 검출용에 이용되며, 전자 체온계는 대부분 이 타입으로, 범용이면서 정확도가 높다.

③ 디스크형 서미스터 : 온도 검출로서는 값이 싸고, 대량으로 공급할 수 있다는 이점 때문에 에어컨이나 쿨러, 스위칭 레귤레이터의 전원 투입시 돌입 전류 억제용으로 사용되고 있다. 그러나 온도 검출용으로서는 다른 형보다 소형화할 수 없고, 에폭시 수지 등의 간단한 외형 때문에 기밀성이 곤란하므로 응답 속도가 느린 온도 등의 측정용으로 한정되어 있다.

3) 용도

NTC 서미스터는 트랜지스터 회로의 온도 보상, 온도 측정 및 제어 등에 이용된다.

3.4.2 PTC 서미스터

1) 원리

PTC 서미스터는 주성분인 티탄산바륨($BaTiO_3$)에 Y, La, Dy 등 미량 희토류 원소를 첨가하여 도전성을 갖게 한 N형 티탄산바륨계 산화물 반도체의 일종이다. 티탄산바륨 특유의 퀴리점에서 상전이가 생겨 전기 전도성이 현저하게 변환하는 성질, 즉 소자가 특정한 온도(퀴리온도)에 달하면 저항값이 급격히 증대하는 성질이 있다.

PTC 서미스터는 구조가 간단하기 때문에 전류 제한 소자(퓨즈 기능 소자), 정온도 발열체, 또는 온도 센서 등 여러 분야에 사용되고 있다.

2) 특징

① 주위 온도를 변화시켜 가면서 줄 열에 의한 자기 발열을 수반하지 않을 정도의 DC 1.5V의 미소 전압에서 전기 저항을 측정하면, 그림 3.9와 같이 저항-온도 특성 곡선이 얻어진다.

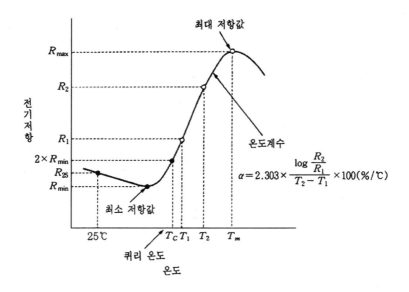

그림 3.9 저항-온도 특성 곡선

이 특성 곡선에서 저항값이 급격히 증가하는 온도를 퀴리 온도라 하며, 최소 저항값 R_{min}의 2배의 저항값에 대응한 온도로 정의하며, 재료 특성이 중요한 요소로 작용한다. 또한 온도를 점점 높이면 일단 저항이 최대값을 나타낸 후에는 온도 상승에 따라 반대로 저항값이 감소하는 성질을 나타낸다.

② PTC 서미스터의 단자 간 전압을 서서히 높이면 그림 3.10과 같이 줄 열에 의한 자기 발열에 의해 서서히 소자의 온도가 상승하고, 퀴리 온도 부근에 도달하면 부성 전류 특성을 나타낸다. 전압과 전류축을 양 대수 눈금상에 표시하면 이 부성 전류 영역은 정전력 특성을 나타냄을 알 수 있다. 소자에 인가하는 전압이 어떤 값을 넘으면 전압의 증가에 따라 전류도 증가하고, 결국에는 브레이크 다운(파괴)에 이르게 된다. 이 전압을 파괴 전압(V_b)이라 하며, 이 파괴 전압에서 정격 사용 전압에 대한 안전 여유도를 나타낼 수 있다.

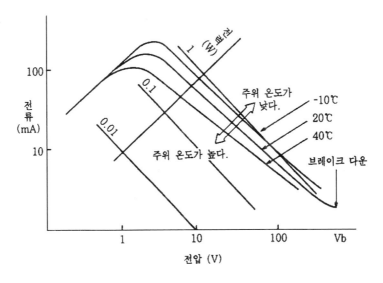

그림 3.10 전압-전류 특성

③ PTC 서미스터는 그림 3.11과 같이 전류 감쇠 특성도 갖고 있는데, 초기에 대전류가 흐르고, 그 후에 감쇠하는 현상을 볼 수 있다.

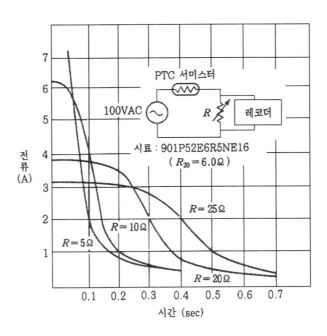

그림 3.11 전류 감쇠 특성

④ PTC 서미스터는 용도 및 조건에 따른 재료, 형상 등 여러 가지 종류가 있다. 표 3.4는 제품의 형태에 따른 PTC 서미스터의 분류이다.

표 3.4 PTC 서미스터의 제품 형태

PTC 서미스터의 제품 형태	소자 자체 타입	원판, 사각판, 원통, 원주, 도넛형
	리드선 딥 타입	도장품, 비도장품
	케이스 내장 타입	플라스틱, 세라믹 케이스
	어셈블리 타입	유닛 제품

3.5 · 측온 저항체

3.5.1 측온 저항체의 개요

측온 저항체는 접촉식 온도 센서로 열전대나 서미스터와 함께 널리 사용되고 있는데, 그 중 백금 측온 저항체가 가장 안전하며 온도 범위가 넓고, 높은 정확도가 필요한 온도 계측에 많이 사용된다.

일반적으로 물질의 전기 저항이 온도에 따라 변화하는 것은 잘 알려진 사실이다. 금속은 온도에 거의 비례하여 전기 저항이 증가하는 이른바 양(+)의 온도 계수를 가지고 있으며, 금속의 순도가 높을수록 저항 온도 계수가 커진다.

측온 저항체로는 백금, 니켈, 구리 등의 순금속을 사용하며, 따라서 이들 금속의 전기 저항을 측정함으로써 온도를 알 수 있는데, 표준 온도계나 공업 계측에 널리 이용되고 있는 것은 고순도(99.999% 이상)의 백금선이다.

그림 3.12를 보면 금속의 저항률 ρ는 온도 t에 거의 비례하는데, 이것을 식으로 표시하면 식 (3.6)과 같다.

$$\rho = \rho_0 (1 + \alpha t) \tag{3.6}$$

ρ_0 : 비례 정수

α : 저항 온도 계수

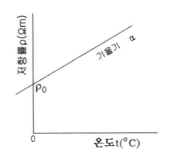

그림 3.12 온도-저항 특성

측온 저항체용에 사용되는 재료의 요구 조건은 다음과 같다.

① 저항의 온도 계수가 크고, 직선성이 양호해야 한다.

② 넓은 온도 범위에 걸쳐 안정하게 사용할 수 있어야 한다.

③ 소선의 가공이 용이해야 한다.

측온 저항체의 종류와 특징은 표 3.5와 같이 나타낼 수 있다.

표 3.5 측온 저항체의 종류와 특징

종 류	구성 재료	사용 온도 범위	특 징
백금 측온 저항체	백금	−200~640℃	• 사용 범위가 넓다. • 정확도, 재현성이 양호하다. • 가장 안정하며 표준용으로도 사용할 수 있다. • 20K 이하에서는 측정 감도가 나쁘다. • 자계의 영향이 크다.
구리 측온 저항체	구리	0~120℃	• 사용 온도 범위가 좁다.
니켈 측온 저항체	니켈	−50~300℃	• 사용 온도 범위가 좁다. • 저항 온도 계수가 크다.
백금 코발트 측온 저항체	코발트 0.5wt%를 함유한 백금 코발트 합금	−271~27℃	• 재현성이 좋다. • 20K 이하에서도 감도가 좋다. • 실온까지 사용할 수 있다. • 자계의 영향이 크다.

3.5.2 백금 측온 저항체

1) 백금 측온 저항체의 특징

백금 측온 저항체는 실용화되고 있는 온도 센서 중에서 가장 안정되고 고정밀한 온도 계측을 할 수 있다는 것이 가장 큰 특징이며, 주요 특성을 나열하면 다음과 같다.

① 안정도가 높다.

② 감도가 크다.

③ 기준 접점 보상 회로가 필요 없으며, 저항값을 구하면 온도가 구해진다.

④ 비교적 간단한 부가 회로로 직선 출력이 얻어진다.

⑤ 저항 소자의 구조가 복잡하기 때문에 형상이 커 응답이 느리고, 좁은 장소의 측정에는 부적합하다.

⑥ 최고 사용 온도가 600℃ 정도로 낮게 되어 있어 고온 측정은 할 수 없다.

⑦ 기계적 충격이나 진동에 약하다.

⑧ 저항체의 가격이 비싸다.

2) 백금 측온 저항체의 종류와 특성

① 시스형 측온저항체는 그림 3.13과 같이 금속 시스와 내부 도선 및 저항 소자의 사이에 분말 형상의 무기 절연물을 채워서 일체화한 구조의 측온저항체로 취급이 용이하고, 내구성과 응답성이 뛰어나다.

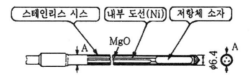

그림 3.13 시스형 측온 저항체의 구조

② 마이카 감음 측온저항체는 그림 3.14와 같이 마이카를 감은 측온저항체로, 폭이 3∼10mm인 가늘고 긴 마이카판의 양쪽에 톱니형의 홈을 파고, 이 홈을 따라서 저항체가 감겨 있으며, 이 소자는 보호관에 넣어서 사용한다.

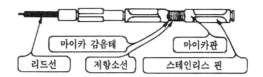

그림 3.14 마이카 감음 측온저항체의 구조

③ 글라스 봉입형 측온저항체는 그림 3.15와 같이 백금과 같은 열팽창 계수의 유리봉에 평행하는 2개의 홈을 파고, 여기에 백금선을 왕복으로 감아 놓았으며, 이 소자는 소형 으로 응답이 빠르고, 진동에 강한 것이 특징이다. 최고 사용 온도는 400℃ 정도이다.

그림 3.15 글라스 봉입 측온저항체의 구조

④ 세라믹 봉입형 측온저항체는 그림 3.16과 같이 유리 대신에 세라믹을 사용한 것으로, 600℃ 정도까지 사용할 수 있다.

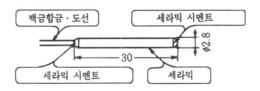

그림 3.16 세라믹 봉입 측온저항체의 구조

⑤ 후막 백금 온도센서는 코일형에 비해 구조가 간단하고, 기계적 충격에 강한 것이 특징 이다. 세라믹의 둥근막대에 후막의 백금을 입혀서 그 위를 글라스로 절연하고, 레이저 로 성능을 균일화한다. 이 온도센서는 충격에 강하며, 넓은 온도 범위에서 고정밀도를 유지한다.

⑥ 박막 백금 온도센서는 박막 형태의 구조로 후막 백금 온도센서와 동일한 성격을 갖고 있다. 그림 3.17은 백금 측온저항체를 온도센서로 사용하여 저항식 온도계를 구성한

것으로, 그림에 나타낸 바와 같이 측온저항체의 온도에 의한 저항값 변화는 휘트스톤 브리지 회로를 기본으로 한 저항-전압 변환 회로(R-V 변환 회로)에 의해 전압 신호로 변환된다. 필터 회로에서 잡음 성분을 제거한 다음 리니어라이즈가 부가된 앰프 회로에 들어간다. 여기서는 온도에 대한 측온 저항값 변화의 비직선성을 보정하고 온도에 대해 직선적인 직류 전압(0~5V 또는 1~5V)으로 변환한다. 전류 신호로 출력하려는 경우는 전압-전류 변환기(V-I 변환기)로써 4~20mA의 통일된 신호로 변환한다. 번아웃 검출 회로는 측온 저항체의 내부 도선 또는 온도계의 입력 단자대에서 도선이 끊어진 경우, +측 또는 −측으로 스케일 오버시켜 센서측의 이상을 알려주는 회로이다.

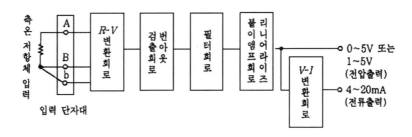

그림 3.17 저항식 온도계의 구성

3.6 탄성 표면파 온도 센서

최근에 각종 제어 기기에 마이크로컴퓨터의 도입이 확대됨에 따라 고정밀도이면서 출력 신호의 디지털화가 용이한 센서의 요구가 높아지고 있다. 이 요구에 부응하는 센서로는 발진기를 응용한 센서를 들 수 있다. 이것은 측정 물리량의 값에 따라 발진 주파수가 변화하는 발진기를 구성하여 주파수 변화를 카운터로 판독함으로써 고분해능의 디지털 계측을 가능하게 한다.

탄성 표면파(SAW)는 고체 표면을 따라 전파하는 진동 에너지이며, 표면으로 전파한다. 탄성 표면파를 응용한 공진자를 구성하여 수정 발진 회로로 발진기를 만들 수 있으며, 이 발진 주파수의 온도 의존성으로 온도를 측정한다.

탄성 표면파 공진자는 그림 3.18에 나타낸 바와 같이 압전성을 가진 기판의 표면에 엷은 금속박막으로 이루어진 전기-탄성 표면파의 변화기인 인터 디지털 전극(IDT)과 탄성 표면파의 반사기인 그레이팅 반사기(GR) 등이 설치되어 있다.

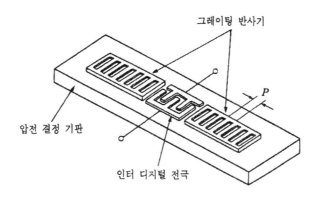

그림 3.18 탄성 표면파 공진자의 기본 구조

중앙의 인터 디지털 전극에 전압이 인가되면 기판의 압전성에 의해 표면에 변형이 일어나 탄성 표면파가 여기된다. 발생한 탄성 표면파는 양방향으로 전달되는데, 주기 P로 반사 전극에 배열되어 있는 그레이팅 반사기에 의하여 반파장 P에 해당하는 주파수의 탄성 표면파는 중앙을 향해 반사하게 된다. 이에 따라 양 그레이팅 반사기 간에 탄성 표면파의 공진이 일어나 공진자를 동작시킨다. 탄성 표면파의 반파장이 P와 같을 때 공진이 일어나기 때문에 공진 주파수는 식 (3.8)에 의해 결정된다.

$$f_R = \frac{V_S}{2P} \tag{3.8}$$

V_S : 기판 위를 전파하는 탄성 표면파의 속도

기판의 온도가 변화하면 기판의 탄성 상수 및 온도 계수에 따라 V_S가 변화하고, P도 선팽창 계수에 대응한 변화를 한다. 따라서 공진 주파수 F_R도 변화하게 된다. 이 주파수 변화를 주파수 온도 계수라고 하며, 기판 결정에 의해 정해지는 물리 상수로서 결정 고유의 값을 나타낸다. 온도 센서용으로는 온도 계수가 $-88\text{ppm}/℃$로 크며, 직선성도 우수하고, 압전성이 커서 발진 성능이 양호한 탄성 표면파 공진자를 구성할 수 있다는 이점으로, 니오브산리튬(LiNbO₃)의 압전 단결정을 사용한다. 탄성 표면파 공진자의 제작은 반도체 집적회로에 있어서 포토리소그래피법을 응용하여 2인치 지름의 니오브산리듐 웨이퍼에서 동시에 약 50개의 디바이스를 형성할 수 있다. 칩 크기는 10×2.5mm이며, 15mm의 금속 패키지 속에 열전도가 좋은 플렉시블한 접착제로 마운트한 다음 질소를 봉함하고 있다.

 구조는 IC 등과 같은 평면 구조이고, 공진 주파수는 전극의 피치 P에 의해서 정해지므로, 고주파의 것이 IC와 같은 제조 프로세스로서 한 장의 웨이퍼에서 다수의 탄성 표면파 공진자를 만들 수 있으며, 비교적 간단한 회로이고, 고분해능의 온도 계측을 행할 수 있다.

연습문제

1. 열전대의 기준 접점 온도를 자동 보상하는 방법에 대하여 설명하시오.

2. 열전대의 보상도선 및 필요한 성질에 대해서 설명하시오.

3. 접촉 방식과 비접촉 방식의 온도 측정 방법에 대해서 설명하시오.

4. 각종 온도 센서의 종류를 나열하고 그 장점과 단점을 비교하여 설명하시오.

5. 백금 측온 저항체의 특징에 관하여 설명하시오.

6. 탄성 표면파 온도 센서의 구조에 관하여 설명하시오.

CHAPTER 04 적외선 센서

4.1 적외선 센서의 개요

적외선은 파장이 가시광선보다 길고 마이크로파보다 짧은 전자파의 일종으로, 적외선은 사람을 포함한 모든 자연계에 존재하는 물체에서 방사되는데, 온도가 높은 것은 짧은 적외선을, 온도가 낮은 것은 긴 파장을 지닌 적외선을 내고 있다.

인간이 직접 느낄 수 있는 빛의 파장은 380~760nm 사이로 한정되어 있다. 이외의 파장을 지닌 광은 짧은 자외광, X선, γ선, 긴 파장의 적외광, 열선, 마이크로파까지를 포함해 비가시광이라고 한다. 적외선 센서는 이들 물체가 방사하고 있는 각종 적외선을 검출하는 센서이다. 또한 반대로 이 적외광을 측정하면 측정대상의 온도를 구할 수 있다.

적외선 검출에 사용되는 기본원리는 다음과 같다.

1) 내부 광전 효과

파장이 길기 때문에 대상이 되는 에너지폭이 작은 점을 제외하면 광센서의 원리와 같다. 적외선 영역에서도 고감도의 감지를 위해서는 내부 광전 효과를 이용한 양자형 검출이 가장 유효하나, 센서의 냉각이 꼭 필요하다. 동작 온도는 요구되는 감도나 파장에 따라 달라진다.

2) 외부 광전 효과

파장 1μm를 넘는 영역에서도 외부 광전 효과는 원리적으로는 이용이 가능하나 진공관이기 때문에 내부 광전 효과를 이용한 고체 소자에 비하여 냉각이 곤란하여, 실제적으로 이용은 파장 1μm에 가까운 영역에서 고감도를 필요로 하는 등의 특수한 용도에 한정된다.

3) 광전도 효과

적외선 영역에서의 검출에는 매우 중요한 효과로써, 파장이 5μm를 넘으면 고감도 검출에는 광전도 효과에 의존하는 경우가 많다. 광전도 효과를 사용한 광전도 소자의 기본구성과 기본 특성은 그림 4.1과 같다. 그림에서와 같이 절연판 위의 소자의 양단에 전류 전극이 부착되어 있으며, 외부 전원에서 바이어스 전류를 흘려 사용한다. 출력은 저항 변화에 따른 전류 변화 또는 전압 변화로서 꺼내지고 있다.

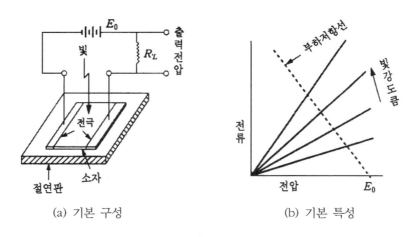

(a) 기본 구성   (b) 기본 특성

그림 4.1 광전도소자의 기본 구성과 기본 특성

4) 광기전력 효과

필요한 에너지 밴드폭이 작아지기 때문에 pn접합 이외에 쇼트키 접합이나 헤테로 접합을 이용하는 경우가 늘고 있다.

5) 열전 효과

물질에 의해 흡수된 적외선에 의해 그 물질의 온도가 상승하고, 그 결과 일어나는 여러 가지 열전 효과를 이용하여 적외선을 검출할 수 있다. 이용되는 열전효과로서는 전기저항의 변화, 열기전력의 발생, 초전 효과 등이 있다.

전기저항의 변화를 이용한 적외선 센서는 볼로미터라고 하며 서미스터나 Pt, Au, Ni 등의 금속 박막의 전기 저항의 온도의존성을 이용한다.

적외선 흡수에 의한 열전대의 측온접점의 온도 상승에 따른 열기전력을 이용할 수도 있다. 열기전력은 작으므로 다수의 열전대를 직렬로 접속한 구조인 열전퇴가 사용되는 경우가 많다.

초전 효과는 자발분극의 온도 의존성에 의해 온도 변화가 있으며, 표면 전하가 생기는 현상이다.

온도 변화 ΔT에 의해 정전용량 C의 양단에 발생한 표면 전하 ΔQ에 의한 전압 $\Delta V = \Delta Q / C$를 측정한다. ΔQ는 자발분극의 변화 ΔP_s와 같다. 초전 효과는 온도변화에 대응하여 나타나기 때문에 적외선 입사량의 교류 성분이 측정된다. 이 때문에 입사 적외선을 기계적인 초퍼를 사용하여 단속시킬 필요가 있다.

6) 포톤 드레그 효과

반도체 내의 캐리어가 포톤이 가지는 운동량에 의해 끌려서 기전력을 유기하는 현상으로 응답속도가 10^{-10}(m/s) 이하로 매우 빠른 것이 특징이다. 실온에서 동작하는 초고속 응답의 적외선 검출에 이용된다.

7) 핫 일렉트론 효과

결정 격자의 온도보다도 높은 온도의 전자를 핫 일렉트론이라고 부르며, 고 전기장에 의해서나 양자의 조사에 의해서도 이 상태가 될 수 있으며, 전자이동도는 전자온도에 의존하므로 양자의 조사에 의해 전기저항이 변화한다. 이 저항 변화를 이용하면 양자를 검출할 수 있으며, 밴드폭과 관계없이 전도대 내의 현상으로 장파장의 적외선에도 응답한다.

4.2 적외선 센서의 종류

적외선 센서는 TV나 VTR에 사용되고 있는 적외선 리모컨 또는 서멀 카메라, 자동도어용 스위치, 방사 온도계, 근접스위치, 인공위성 등 여러 용도에 사용되고 있다.

적외선 센서를 동작 원리에 따라 분류하면 다음과 같다.

① 적외선을 일단 열로 변환하고 저항 변화나 기전력 등의 형태로 출력을 꺼내는 열형

② 반도체의 이동간 에너지 흡수차를 이용한 광도전 효과나 pn접합에 의한 광기전력 효과를 이용한 양자형

열형과 양자형 적외선 센서의 차이점을 표 4.1에 나타내었다. 열형 센서는 감도가 낮고 응답이 늦지만 파장 전역에 걸쳐서 감도가 거의 변함이 없다는 특징을 가지고 있으며, 양자형 센서는 고감도이고 응답속도도 빠르지만 감도의 파장 선택성이 강하고 사용 파장을 확인하여 센서를 선택하여야 한다.

표 4.1 적외선 센서의 비교

	열 형	양 자 형
감도	• 낮다	• 높다
응답속도	• 늦다	• 빠르다
사용온도	• 실온	• 저온
적외 이미지용	• 부적당하다.	• 적당하다.
장점	• 실온도에서 동작한다. • 파장 의존성이 없다. • 가격이 염가이다.	• 감도가 높다. • 응답이 빠르다.
단점	• 감도가 낮다. • 응답이 느리다.	• 냉각이 필요하다. • 파장 의존성이 있다. • 가격이 비싸다.
응용	• 볼로미터, 서모파일, 초전센서	• InSb, Si, Ge

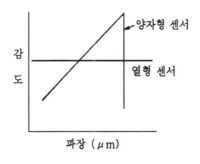

그림 4.2 감도 파장 특성

4.3 · 열형 적외선 센서

4.3.1 초전형 적외선 센서

초전형 적외선 센서는 열형에 속하며, 우수한 초전재료의 개발과 가공기술의 발달에 의해서 비교적 응답속도가 빠른 것이 개발되어 민생용으로 이용 기대가 크다. 이 센서는 초전효과를 이용한 것이며, 그 재료는 BT, PZT 등의 강유전 세라믹, $LiTaO_3$ 등의 단결정, 3유화 그리신, PVDF 등의 유기재료가 사용되고 있다.

초전형 적외선 센서의 특징은 다음과 같다.

① 물체에서 방사되는 적외선을 검지함으로써 물체의 표면의 온도를 감지할 수 있다.

② 검지 대상물이 발하는 적외선을 받는 수동형이므로 수광 및 투광이 필요한 능동형에 비해 간편하게 사용할 수 있다.

초전형 적외선 센서는 PZT 강유전체 세라믹에 3~5kV/mm의 고전압을 걸어 분극처리를 한다. 이 처리에 의해 소자표면에 나타나는 +와 −의 전하가 공기속의 반대 전하를 지닌 부유 이온과 결합하여 그림 4.3(a)와 같이 전기적으로 중화된다.

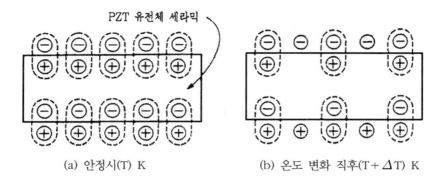

(a) 안정시(T) K   (b) 온도 변화 직후(T+ΔT) K

그림 4.3 초전형 적외선 센서의 원리

소자의 표면온도가 변화하면 온도변화에 따라 센서의 극성이 변화한다. 이 때문에 안정상태에서 전하의 중화 상태가 무너져 센서의 표면 전하와 흡착 부유 이온 전하의 완화 시간이 달라지므로 전기적으로 평형이 무너지고 그림 4.3 (b)와 같이 결합할 상대가 없는 전하가 발생한다.

신호의 처리 과정은 그림 4.4와 같은 과정을 걸쳐서 신호가 전송된다.

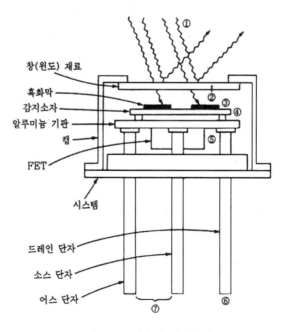

그림 4.4 신호의 처리과정

① 여러 파장의 적외선이 센서에 입사된다.

② 창부분의 광학 필터에 의해 필요한 적외선만 통과하고 불필요한 적외선은 차단된다.

③ 감지소자 표면에 있는 열흡수막(흑화막)에 의해 적외선이 열로 변환된다.

④ 감지소자의 표면온도가 올라가고 초전효과에 의해 표면전하가 발생한다.

⑤ 발생한 표면전하가 FET에서 전압 증폭되며, 임피던스가 변환된다.

⑥ 드레인 단자에는 FET를 동작시키기 위한 전압을 공급된다.

⑦ 증폭된 전기신호는 외부에 접속된 소스-어스간의 저항에서 바이어스 전압과 증폭된 전압으로 취출된다.

4.3.2 서모파일

서모파일은 열전대를 이용한 적외선센서로 그 구조는 그림 4.5에 나타내었다. Si 기판 위에 SiO_2와 Si_3N_4의 절연막이 형성되고 그 위에 수광부인 Gold Black과 주위에 열전대가 형성되어 있다. 물체에서 방사된 적외선 에너지는 일종의 흑체인 Gold Black에 도달해 흡수되어 Gold Black의 온도가 상승한다. 이 온도 상승분을 주위의 열전대로 검출하게 된다. 이 열전대는 여러 쌍이 서로 직렬로 연결되어 있어 출력은 각 열전대의 열전대의 열기전력의 합이 되므로 출력전압을 높게 할 수 있다. 열전대의 재료는 주로 Te와 InSb이다. 필요한 파장대의 적외선 검출을 검출하기 위해서는 광학필터를 사용한다.

서모파일은 감도는 다소 낮으나 초퍼나 전원이 불필요하고 견고하다는 장점이 있다. 서모파일은 주로 비접촉온도계로 많이 응용되고 있다.

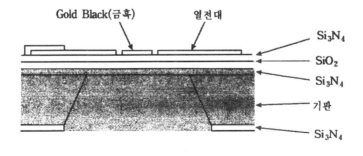

그림 4.5 서모파일의 구조

4.3.3 볼로미터

적외선 흡수에 의한 온도상승을 서미스터로 측정하는 적외선 센서로 그림 4.6에 그 구조를 나타내었다.

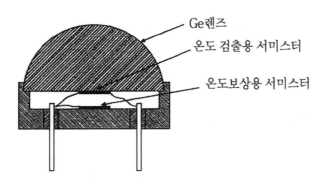

그림 4.6 볼로미터의 구조

적외선이 입사하면 Ge렌즈에 의해 검출용 서미스터에 집중되며, 이에 따라 온도가 상승하여 서미스터의 전기저항이 변화하면 이를 검출하게 된다. 최근에는 기판에 스퍼터링 등의 방법으로 서미스터 박막을 형성하여 사용하기도 한다. 볼로미터는 기계적 진동이 강하며 상온에서, 사용할 수 있다는 장점이 있다.

4.4 양자형 적외선 센서

양자형 센서를 구조상으로 분류하면
① 광전도형
② 광기전형
③ 광전자형
④ 쇼트키형
이다.

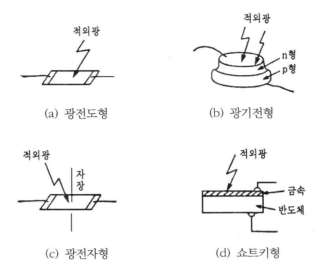

(a) 광전도형   (b) 광기전형

(c) 광전자형   (d) 쇼트키형

그림 4.7 양자형 적외선센서의 분류

그림 4.7에서와 같이 광전도형은 반도체의 박막 저항 소자이며, 빛의 입사에 의해 저항변화가 일어나서 그것을 전압변화로서 신호를 꺼내는 방식이다. 광기전형은 광전지로 플레이너형의 pn접합 다이오드이며, 빛의 입사에 의해 접합부에 발생하는 전자 정공쌍을 광전류로서 꺼내는 구조로 되어 있으며, 광전자형은 전계와 자계를 동시에 건 경우로 빛을 조사함으로써 기전력을 신호로서 꺼내는 것이다. 쇼트키형은 금속과 반도체의 접촉에 따라 형성되는 쇼트키 장벽을 사용한 다이오드로 pn접합과 거의 같은 원리로서 신호가 발생한다.

연습문제

1. 적외광의 파장 영역을 설명하시오.

2. 열전효과에 관하여 설명하시오.

3. 열형 적외선센서와 양자형 적외선센서를 비교하여 설명하시오.

4. PbS, PbSe, InAs, InSe의 반도체 적외선 센서의 특징을 설명하시오.

5. 패시브형 적외선 침입자 경보기의 구성에 관하여 설명하시오.

CHAPTER 05 자기 센서

5.1 자기 센서의 개요

최근 마이크로프로세서의 고성능화·저가격화에 따라 정보 처리 장치, 음향 기기 등은 현저하게 고성능화, 인텔리전트화가 진행되고 있으며, 이에 따라 자기 센서도 다양화, 고성능화로 현상을 나타내고 있다.

자기 센서에는 자계에 관련된 물리 현상이 동작 원리로써 많이 이용되고 있다. 그들의 주된 물리 현상을 표 5.1에 나타내었다. 이들의 효과를 이용한 자기 센서가 많이 실용화되고 있다. 홀 소자, 홀 IC, 자기 저항 효과 소자, 자기 트랜지스터, 리드 스위치, SQUID, 광파이버 자기 센서 등이다.

표 5.1 자계에 관련된 물리 현상

변화의 종류	물리 현상
자계 ↔ 전기	전류 자기 효과, 홀 효과, 자기 저항 효과
자계 ↔ 빛	케르 효과, 광전자기 효과
자계 ↔ 압력	자기 왜형 효과, 위데만 효과
자계 ↔ 열	네른스트 효과, 리기-레듀 효과
기타	핵자기공명, 초전도 현상

5.2 홀 소자

홀 소자는 그림 5.1과 같이 반도체편에 리드선을 4개 부착한 간단한 구조이다. 반도체에 전류 I를 흘리고 전류에 직각인 방향으로 자계 B를 가하면 전류와 자계의 양자에 직각인 방향으로 전압 V를 발생하는 홀 효과가 이 소자의 동작 원리이며, 이 중 입력 단자가 전류 단자이고 출력 단자가 홀 전압 단자로 표시된다.

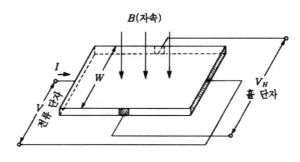

그림 5.1 홀 소자의 기본 구조

홀 소자용의 반도체 재료로는 Ge, Si, InAs, InSb, GaAs 등이 이용된다. 이 중에서도 GaAs 재료를 이용한 홀 소자가 온도 특성이 우수하여 주목받고 있다.

홀 소자의 구조로서는 ① 단결정 재료를 박편화한다. ② 반절연 재료에 에피택시얼법과 이온 주입법으로써 활성화 영역을 만든다. ③ 진공 증착으로서 박막 소자를 제작한 것 등이 있다. 소자의 제조에는 IC 기술이 많이 사용되고 있다.

홀 소자 이용법에는 다음의 3가지가 있다.

① 센서에 일정 전류를 흘려 놓고 자계와 자계로 변환된 다른 물리량을 검출하는 방법
② 센서에 흐르는 전류, 자계의 양자를 바꾸어 2가지 양의 승산 작용을 이용하는 방법
③ 정자계로써 입력 단자에 전류를 흘렸을 때의 센서 출력과 같은 방향의 전류를 출력 단자에 흘리면, 입력 단자에 최초의 전류는 역방향의 홀 전압이 유기되는 현상을 이용하는 방법

홀 소자의 구동 방식에는 정전류 구동 방식과 정전압 구동 방식이 있는데 정전류 구동 방식은 홀 전압이 반도체 기판의 전자 밀도에 의존하고, 정전압 구동 방식은 전자 이동도에 의

존한다.

홀 소자의 특징은 다음과 같다.

① 온도 변화에 따라 특성 변화가 크다.

② 소형화할 수 있다.

③ 자계의 비례성이 양호하다.

홀 소자는 각종 브러시리스 모터로의 응용 이외에 자속계, 전류계, 전위계, 회전계, 속도계, 전력계, 주파수 변환기, 아이솔레이터 등 다방면에 응용되고 있다.

5.3 ▶ 홀 IC

Si 홀 소자는 자계 감도가 10～20mV/kOe 정도이고, 다른 재료를 사용한 것보다 감도가 낮은 결점이 있다. 이 결점을 개선하기 위해 IC 기술을 사용해 신호 처리 회로를 센서와 일체화 시킨 것이 Si 홀 IC이다.

현재 많은 온도 센서, 압력 센서, 광센서 등의 제품이 IC화되었지만 그 중에서 Si 홀 IC는 최초로 IC화된 센서이다. 그림 5.2는 홀 IC의 구조를 나타낸 것으로 바이폴러형이다.

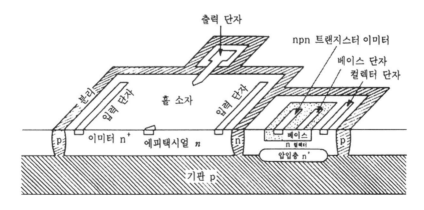

그림 5.2 Si 홀 IC의 구조

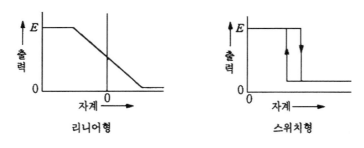

그림 5.3 홀 IC의 자계-출력 특성

홀 IC의 특징은 그림 5.3과 같이

① 전자 회로와 일체화되어 있으므로 센서 전체적으로 감도가 높다.

② IC 제조 기술을 이용하고 있으므로 생산이 용이하다.

③ 목적에 맞는 신호 전압이 얻어진다.

④ 불평형 전압이 크고 처리가 곤란하다.

홀 IC에는 출력이 자계 강도에 비례하는 리니어형 센서와 임계값 이상의 자계로써 ON · OFF하는 스위치형 센서의 2종류가 있다. 스위치형은 스위치 동작을 확실히 하기 위해 고의로 히스테리시스 현상을 갖게 하고 있다.

홀 IC의 제조 기술에는 바이폴러와 MOS 기술이 사용되고 있지만 상품화되고 있는 센서는 바이폴러형이다.

홀 IC는 홀 모터, 자속계, 전력계, 전위계, 변위계, 회전계, 스위치, 키보드 스위치 등에 널리 활용되고 있다.

5.4 · 자기 저항 소자(MR 소자)

자기 저항 소자는 2단자소자로서 자기장이 물체에 인가되면 물체의 저항값이 변하는 현상인 자기 저항 효과를 이용하는 자기 센서이다.

현재 자기 저항 효과 소자를 사용해서 수도 미터가 전자화되고 계량기의 성능 향상, 가입 전화 회선을 이용한 자동 검침 시스템으로 검침 업무의 성력화, 효율 향상을 도모하고 있다.

전자식 수도 미터에 사용되는 자기 저항 효과 소자에는 반도체 자기 저항 소자와 강자성체 자기 저항 소자가 있다.

1) 반도체 자기 저항 소자

반도체 자기 저항 소자는 동심원상의 내외 전극을 가진 원판 자기 저항 소자가 대표적인 타입이다. 이 타입의 센서는 감도 면에서는 이상적이지만 소자의 저항이 수Ω으로 작아 실용화되기가 어렵고, 그림 5.4와 같이 래스터판 구조를 가진 것이 실용화되고 있다. 래스터판은 길고 가는 반도체 위에 긴 방향과 직각으로 단락 스트라이프가 부착되어 있다. 자기 저항 소자를 다수 직렬로 접속한 구조이므로 소자수를 많게 하면 저항값을 크게 하는 것이 가능하다.

그림 5.4 반도체 자기 저항 소자의 구조

아래 그림 5.5는 InSb로 만든 자기 저항 소자의 저항 자계 특성을 나타낸 것으로 약한 자계에서는 저항은 비선형적으로 증가하고 감도가 낮고 어느 정도 자계 이상에서는 직선성이 좋으며, 저항값은 계속 증가하게 된다.

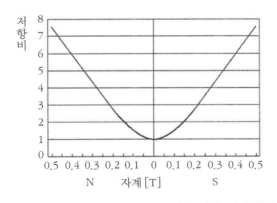

그림 5.5 반도체 자기 저항 소자의 저항 자계 특성

반도체 자기 저항 소자는 무접촉 가변 저항기, 퍼텐쇼미터, 자속계, 전류계, 변위 및 진동 픽업, 승산기, 아날로그 계산기, 마이크로파 전력계, 회전계, 지폐 식별 센서 등에 널리 사용되고 있다.

2) 강자성 자기 저항 소자

강자성 자기 저항 효과에는 자계가 커지면 저항이 직선적으로 감소하는 부성 자기 저항 효과와 자화 방향과 전류 방향이 이루는 각도에 따라 저항이 이방적으로 변화하는 것이 있다.

강자성 자기 저항 효과에 이용되는 효과는 이방성 자기 저항 효과이고 저자계 강도에 우수하다. 그림 5.6에 소자 구성도를 나타낸다. 소자의 소형화, 고저항화의 목표로부터 박막에서 굽힘선 모양으로 구성되어 있다. 금속 재료에는 Ni-Co 합금이 사용된다.

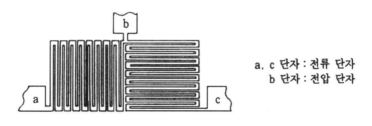

a, c 단자 : 전류 단자
b 단자 : 전압 단자

그림 5.6 강자성 자기 저항 소자의 구조

강자성 자기 저항 소자의 특징은 다음과 같다.
① Hs(포화 자계) 이상의 자계에서 사용하면 자계의 방향이 검출된다.
② 출력 레벨이 자계 강도에 관계없이 안정되어 있다.
③ 금속으로 되어 있으므로 반도체에 비해 출력의 온도 변화가 적다.
④ 고온까지 사용할 수 있다.
⑤ 동일기판상에 복수 개 센서의 배열 집적화가 용이하다.
⑥ 다기능화가 가능하다.
⑦ 저자계에서는 큰 출력이 얻어지나 바로 포화된다.

강자성 자기 저항 소자의 응용으로서는 고밀도 자기 센서, 고정밀도 위치 센서, 리니어 위치 센서, 로터리 인코더, 마그넷 스위치, 프린터의 인자 배열기 등이 있다.

5.5 자기 트랜지스터

종래의 반도체 자기 센서는 홀 소자, 홀 IC, 자기 저항 소자가 중심이었으나, 최근에 바이폴러 IC 기술을 이용한 자기 트랜지스터라고 하는 새로운 자기 센서가 개발되었다.

그림 5.7은 자기 트랜지스터의 기본 구조를 나타낸 것이다. 그림 5.7을 보면 알 수 있듯이 횡형의 pnp 트랜지스터 구조를 하고 있고, 가장 큰 특징은 컬렉터를 2개 가지고 있다는 것이다.

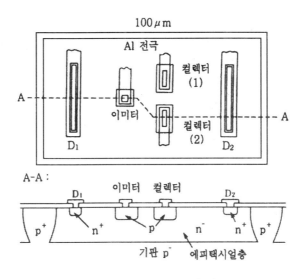

그림 5.7 자기 트랜지스터의 기본 구조

자계가 없는 경우에는 2개의 컬렉터에 서로 같은 전류가 흐르므로 그림 5.8과 같이 2개의 컬렉터에서 출력 전압의 합은 0이 된다. 센서에 수직인 방향에서 자계를 가하면 정공에 로렌츠 힘이 작용해 극성에 따라서 한쪽의 컬렉터 전류가 증가한다. 따라서 2개의 컬렉터 출력 전압의 차는 자계에 비례해 변화하므로 자기 센서로서 사용할 수 있다.

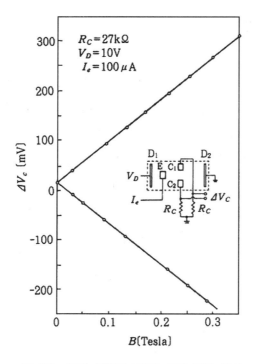

그림 5.8 자기 트랜지스터의 자계 응답 특성

센서의 전류 감도는 식 (5.1)과 같다.

$$\gamma I^{'} = \frac{\Delta I_c(B)}{I_{co} \cdot \Delta B} \tag{5.1}$$

ΔI_c : 컬렉터 전류의 차

I_{co} : $B = 0$에서의 컬렉터 전류

ΔB : 자계의 변화분

이 센서는 바이폴러 IC 기술을 사용해서 제조할 수 있으므로 생산성이 우수하고 센서의 저가격화가 가능하다. Si 기판을 사용하므로 다음 단의 회로와 일체 및 IC화도 가능하다.

컬렉터, 베이스, 이미터 접합의 배치를 바꾼 변형 자기 트랜지스터가 몇 개인가 개발되어 있다. 그 중 하나는 npn 트랜지스터의 베이스와 컬렉터 사이에 2개의 홀 전극을 형성한 것으로, 이 센서는 캐리어가 포화 속도 영역에서 동작하도록 설계되어 있으므로 고감도이고, 온도 특성도 양호하다. 자기 트랜지스터의 응용으로서는 자기 헤드, 픽업 등이 있다.

5.6 SQUID

병의 진단에는 많은 센서가 이용되고 있으며, 전자식 혈압계용 Si 압력 센서, 체온 측정기용 등에는 온도 센서, 혈액 분석계에는 Na^+, K^+ 등을 검출하는 이온 센서, X선과 CT 장치에는 X선 센서로서 Xe 가스나 BGO 신티레이션 검출기가 이용되고 있다.

인간의 체내에는 끊임없이 전류가 흐르고 있으며, 뇌에서의 지령이 신경망을 통해 각 기관으로 전달될 때나 근육이 수축할 때에는 매우 미약한 전기가 발생한다. 그들의 신호를 포착한 것이 심전계, 근전계, 뇌파계 등 전자 계측 장치이다.

전류가 흐르면 자계가 발생하는 것은 잘 알려진 사실이다. 이 자계를 고정밀도로 검출하여 생체에 생기고 있는 이상을 진단하는 것이 생체 자기 계측이다. 이것에 SQUID(초전도 양자 간섭 소자)라고 하는 초고감도의 자기 센서가 사용되고 있다.

납, 니오브 등의 금속은 액체 헬륨 온도(4.2K) 부근에서 갑자기 전기 저항이 0으로 되는 초전도 상태로 나타나며, 이와 같은 초전도 상태의 금속을 매우 엷은 절연물을 삽입해 접합시키면(조셉슨 접합) 외계의 자기 변동을 양자 단위로 측정할 수 있는 초전도 자기 센서가 얻어지며, 이 센서를 SQUID(Superconducting Quantum Interference Devices)라고 한다.

이 센서의 특징은 다음과 같다.

① 고선명도로 측정하기 위해서는 고성능인 자기 실드룸이 필요하다.

② 자계 검출 감도는 백억 분의 1 가우스로 매우 고감도이다.

③ 고가인 액체 헬륨을 사용해야 한다.

SQUID는 심전계, 근전계, 뇌파계 등의 생체 자기 계측과 인공위성을 이용한 자원 탐사, 지구 자기 계측, 대전류 안정화, 변위 계측 등에 이용되고 있다.

5.7 광파이버 자기 센서

최근에 광파이버의 성능이 현저하게 향상되고 광통신을 비롯해서 광파이버의 중요성이 더욱더 커지고 있다. 이와 같이 기술 혁신과 함께 광파이버를 이용한 센서 쪽의 기대도 높아지고 있다.

 광파이버 센서가 주목되는 이유는 높은 절연성, 고속 응답성, 무유도성, 소형·경량 등의 우수한 특징을 가지고 있기 때문이다.

 광파이버 자기 센서의 동작 원리에는 자기 광학 효과 중의 패러데이 효과와 자기 변형 효과가 이용되며, 광파이버 자기 센서의 구성은 그림 5.9와 같이 나타낼 수 있다.

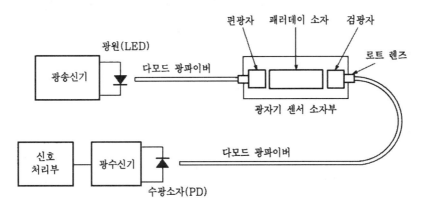

그림 5.9 광파이버 자기 센서의 구성

 구성에서 광파이버 자기 센서의 동작을 살펴보면 광원(LED)으로부터 일정한 강도의 사출광이 다(多)모드의 광파이버에 의해 센서 소자부에 들어간다. 센서 소자부는 패러데이 소자가 편광자와 검광자 사이에 끼워져 있는 구조로 되어 있으며, 편광자를 통과한 직선 편광파는 패러데이 소자 속을 이동하는 사이에 자계 강도에 비례하여 그 편파면을 회전시킨다. 이 회전각(θ)이 검광자를 통함으로써 그 광강도의 변화로 감지할 수 있다. 수광소자면상의 광강도 P는 식 (5.2)와 같이 나타낼 수 있다.

$$P = P_0 (1 + \sin\theta) \tag{5.2}$$

　　　P_0 : 자계가 가해져 있지 않을 때의 수광강도

 식 (5.2)를 이용하여 빛이나 전기로 변환된 신호의 강도를 측정함으로써 인가한 자계 강도를 측정할 수 있다.

 편파면의 회전각은 자계의 강도, 자기 검출용 패러데이 소자의 두께의 곱에 비례한다. 패러데이 소자 재료로는 납 유리나 자성체의 YIG 등이 잘 사용되고 있다.

LED(발광 다이오드)에서 0.85μm의 빛이 광파이버부로 전달되면 센서부에서는 편광자에 의해 입사량의 편파면이 일정하게 된 후 패러데이 소자 YIG 결정을 통과한다. 이때 빛은 인가 자계에 비례한 편파면 회전을 받아 워라스톤 프리즘에 의해 편파면이 서로 직교하는 2개의 빛으로 나누어진 후 센서부에서 출력된다. 출력량은 광파이버에서 포토다이오드에 인도되어 전기 신호로 변환된다.

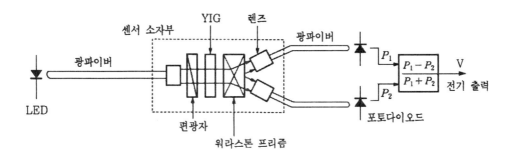

그림 5.10 YIG를 사용한 광파이버 자기 센서

편광자와 워라스톤 프리즘의 주축이 이루는 각을 45°로 설정하면 포토다이오드 1, 2에서의 전기 출력 P_1, P_2는 식 (5.3)과 (5.4)로 나타낼 수 있다.

$$P_1 = P_o \cos^2(\theta - \pi/4) \tag{5.3}$$

$$P_2 = P_o \cos^2(\theta + \pi/4) \tag{5.4}$$

θ : 패러데이 회전각

이 전기 출력을 연산 회로로서 $(P_1 - P_2)/(P_2 + P_1)$ 처리를 하면 최종 전기 출력 V는 식 (5.5)와 같이 된다.

$$V = \sin 2\theta \cong 2\theta \quad (\theta \ll 1) \tag{5.5}$$

식 (5.5)와 같이 센서 출력은 인가 자계에 비례한다. 출력 V는 광원의 강도 변화나 광파이버 중의 편광 상태 등과 관계가 없으므로 광파이버 자기 센서를 이용하면 안정성 좋은 자계 측정을 행할 수 있다.

자기 왜형 효과란 자성체에 자계를 가하면 크기에 따라 신축하는 현상으로, 그림 5.11에 나타내는 바와 같이 광파이버에 자성체막을 부착하면 광파이버는 자계에 의해서 축방향의 신축을 일으킨다. 그 때문에 광파이버를 통과하는 빛은 위상 변화를 받게 된다. 그림과 같이 참조용 광파이버를 설치하고 신호광과 참조광을 간섭시키는 것에 의해 자계에 비례한 출력을 얻을 수가 있다.

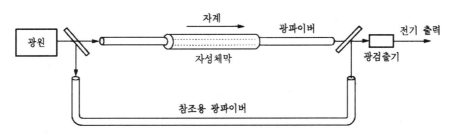

그림 5.11 자기 왜형 효과형 자기 센서의 구성

연습문제

1. 패러데이 효과에 관하여 설명하시오.

2. 홀 효과에 관하여 설명하시오.

3. 정전류 구동법과 정전압 구동법을 서로 비교하여 설명하시오.

4. 각종 자기 센서의 특성에 관하여 설명하시오.

5. 홀 소자와 홀 IC의 응용 분야에 관하여 설명하시오.

6. 자기 저항 소자의 구조에 관하여 설명하시오.

7. YIG를 사용한 광파이버 자기 센서의 구성에 관하여 설명하시오.

CHAPTER 06 압력 센서

6.1 기계식 압력 센서

기계식 압력 센서는 오래 전부터 이용되어 왔으며, 정도가 낮고 응답이 늦는 등의 결점이 있지만, 압력을 전기로 변화없이 기계적 치침으로 압력값을 나타내며 가격이 저렴하여 현재도 사용되고 있다.

부르동관은 단면이 길고 둥근형 또는 편평형의 관으로 반원형 등으로 구부러져 있으며, 한쪽의 단자는 밀폐되고 다른 쪽의 단자는 개방되어 고정되어 있다. 개방되어 있는 단자의 관의 내부에 압력을 가하면 관의 단면은 원형으로 접근하려고 부풀어 이 때문에 구부러졌던 관은 직선처럼 변형하지만 관의 탄성에 의해 정도관이 바로 펴지는 형식으로 양단의 균형을 유지한다. 이 펴짐에 의한 부르동관 끝의 변위량은 관 내의 압력의 크기에 비례한다. 이 변위는 링크나 톱니바퀴 기구에 의해 기계적으로 확대하여 지시하거나 차동 트랜스 등의 변위 센서에 의해 전기 신호로 변환된다.

그림 6.1에 나타낸 것과 같이 부르동관은 변형에 의해 반원형의 C형, 나선형, 헬리컬형 등 관선의 변위량이 커지도록 고안되고 있다.

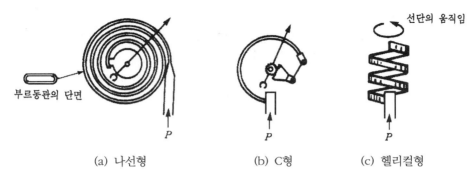

(a) 나선형　　　　　(b) C형　　　　　(c) 헬리컬형

그림 6.1　부르동관의 형상

그림 6.2는 벨로스의 원리를 나타낸 것으로, 벨로스 주위에 사복상으로 심한 주름이 있는 박육 금속 원통이고, 원통의 내부와 외부의 압력차에 대응해서 축방향으로 신축한다.

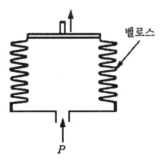

그림 6.2　벨로스의 원리

이 신축에 걸맞게 원통의 단면은 변위하고 그 변위량은 압력차에 비례하며, 링커에 의해 기계적으로 확대해서 지시하거나 차동 트랜스 등의 변위 센서에 의해 전기 신호로 변환된다. 벨로스는 인청동, 스테인리스 등의 탄성 재료를 사용하며, 직경 6~300mm 정도의 것이 있다. 저압력에서 중압력의 측정에 적합하다.

다이어프램은 주변부를 고정시킨 얇은 원판이고 원판 측면의 압력차에 비례하여 원판이 변형되며, 그 변위로부터 압력을 측정한다. 파상은 파의 형상과 파수를 선택하여 변위량을 변화시킬 수 있다.

다이어프램 재료에는 인청동, 베릴륨동, 스테인리스강 등의 금속 재료, 테플론, 실리콘 고무, 마일러 등의 비금속 재료가 사용되며, 비금속 재료 쪽이 저압을 측정하는데 사용된다.

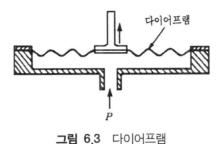

그림 6.3 다이어프램

6.2 로드 셀

로드 셀은 중량 센서로서 여러 가지 방식이 있지만 대부분 변형 게이지식을 사용한다. 동작 원리는 그림 6.4에 나타낸 바와 같이 기왜체라고 하는 철강제 원주의 주위에 변형을 저항 변화로 변환하는 변형 게이지를 접착한 것으로, 이것이 로드 버튼에 결합되어 있다. 로드 버튼에 하중이 가해지면 기왜체에 그 무게가 전해져서 중량에 비례한 변형이 발생한다. 변형량에 따라 변형 게이지의 출력을 전기 저항에서 전류 변화로 인출하는 것이다. 출력은 일반적으로 디지털의 전기 신호로 변환되어 중량은 직접 숫자로 표시된다.

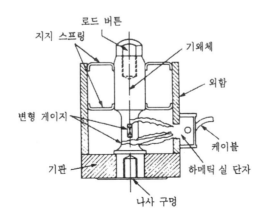

그림 6.4 로드 셀의 구조

로드 셀의 특징은 다음과 같다.

① 저항값의 변화를 측정하므로 전원은 직·교류를 모두 사용할 수 있다.

② 원격 장소에서의 표시나 CPU와의 결합도 가능하다.

③ 기계적인 가동부나 마찰이 없으므로 수명이 길다.

④ 변형이 적기 때문에 계측 시간이 짧다.

⑤ 계량 하중에 대해 비교적 소형이다.

⑥ 원리가 단순하고 구성 부품이 적다.

⑦ 사용 환경에 제한이 없고, 설치가 용이하다.

⑧ 과부하가 되지 않는 한 반영구적인 성능을 유지한다.

로드 셀은 그림 6.5와 같이 하중 F를 받는 금속 탄성체의 수감부 4곳에 스트레인 게이지를 수직과 수평으로 접착하고, 휘트스톤 브리지 회로를 구성하여 하중에 비례하는 저항 변화를 출력한다. 로드 셀은 분위기 온도에 의해 브리지 평행점의 이동과 감도의 변동 등의 특성에 변화를 주는 요인이 많기 때문에 반드시 보상 회로가 추가되어야 한다. 금속 탄성체 재료로서 대하중용으로는 니켈-크롬-몰리브덴-구리가 사용되고, 소하중용으로는 두랄루민이 많이 사용된다.

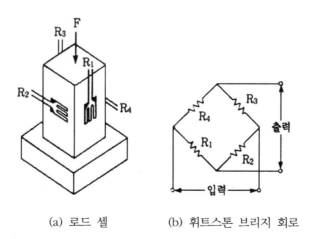

(a) 로드 셀   (b) 휘트스톤 브리지 회로

그림 6.5 로드 셀의 동작 원리

로드 셀의 성능을 좌우하는 요인은 다음과 같다.

① 주변 온도 변화에 의한 브리지 평형점의 이동

② 주변 온도 변화에 의한 로드 셀 감도의 변동

③ 기왜체의 비직선성

④ 기왜체의 히스테리시스

⑤ 스트레인 게이지의 클립

⑥ 스트레인 게이지의 이완

6.3 스트레인 게이지

스트레인 게이지는 압력, 하중, 변위, 속도, 가속도, 토크 등의 물리량을 전기적 신호로 변환하는 소자이며, 표 6.1과 같이 크게 분류할 수 있다.

표 6.1 스트레인 게이지의 분류(조사)

전기 저항 변형 게이지	금속 저항 변형 게이지	와이어 게이지
		박게이지
	반도체 피에조 저항 변형 게이지	벌크 반도체 변형 게이지
		확산형 반도체 변형 게이지

스트레인 게이지는 금속 또는 반도체라고 하는 저항체에 일그러짐이 가해지면 저항값이 변화한다는 압저항 효과를 이용한 소자로 공업 계측기 등에 널리 응용되고 있다. 스트레인 게이지의 감도는 기계적 일그러짐에 의한 저항값 변화인 게이지율(GF : Gauge Factor)로 표시된다.

$$GF = \frac{\Delta R/R}{\Delta L/L} \tag{6.1}$$

R : 게이지의 저항값

ΔR : 게이지 저항값의 변화분

L : 게이지의 길이

ΔL : 게이지 길이의 변화분

압저항 효과의 원인으로는 길이나 단면적 등의 외형 변화에 의한 저항 변화와 응력에 의한 전기 전도도 자체의 변화가 있다. 금속에서는 비저항의 변화가 거의 없고, 주로 외형 변화에 의해서 압저항 효과가 나타나는 반면, Ge이나 Si 등의 반도체에서는 일그러짐에 의해서 에너지 밴드 구조가 변화를 일으키기 때문에 전기 전도도 자체의 변화가 외형 변화에 의한 저항 변화보다 훨씬 크다.

금속 스트레인 게이지 내는 금속 저항선을 사용한 와이어 스트레인 게이지 외에 금속 박막을 사용한 것도 있다. 금속 저항선의 재료로서는 게이지율이 크고, 저항 온도 계수가 작고 가공이 용이한 것이 적합하며, 어드밴스선 등이 주로 사용된다. 금속 저항선 재료를 표 6.2에 나타내었다.

표 6.2 금속 저항선 재료

명 칭	조 성	저항 온도 계수 [10^{-6}/℃]	게이지율
어드밴스	Ni43, Cu57	20	2.0~2.1
콘스탄탄	Ni40, Cu60	20	1.7~2.0
망가닌	Mn13, Cu87	15	0.45~0.5
니크롬	Ni60, Cr16, Fe24	150	2.0~2.5
Pt-Ir	Pt80, Ir20	800	6.0

비접착형의 스트레인 게이지는 본질적으로 진동, 충격에 약하기 때문에 주로 실험실 연구용으로 사용되며, 공업 계측기에는 안정성이 높은 접착형이 사용된다.

금속 스트레인 게이지는 반도체 스트레인 게이지에 비하면 게이지율은 작지만, 온도 특성이나 안정성의 면에서 우수하므로 현재도 널리 사용되고 있다.

최근에는 와이어 스트레인 게이지의 금속 저항선 대신에 절연막 위에 얇은 피막 저항을 형성시킨 것이 실용화되고 있는데, 검출부의 소형화나 대량 생산이 가능한 장점이 있다.

반도체 스트레인 게이지는 저항체로서 반도체를 사용한 것이며, 금속 스트레인 게이지의 게이지율이 2 정도인 데 반하여 반도체 스트레인 게이지는 50~100 정도의 게이지율이 쉽게 얻어지는 것이 큰 장점이다. 반도체 스트레인 게이지는 응력을 받으면 반도체 결정의 캐리어 이동도가 매우 크게 변화한다는 피에조 저항 효과를 이용하고 있기 때문이며, 그 변화율도 상당히 넓은 범위에서 일정하다.

반도체 스트레인 게이지는 금속 스트레인 게이지에 비해서 게이지율이 매우 크고, 불순물 농도에 의해 비저항이 크게 변화하는 것을 이용한 것으로 소형이다. 또한 적당한 게이지 저항을 가지는 소자를 제작할 수 있는 등의 장점이 있지만 저항 온도 계수가 금속 스트레인 게이지보다 1자릿수 크기 때문에 적당한 온도 보상이 필요한 결점이 있다.

반도체 스트레인 게이지 중에서 증착형은 절연 처리한 수압막에 Ge을 박막 증착한 것이고, 벌크형은 반도체 결정을 두께 $10~50\mu m$, 폭 0.1~1.0mm, 길이 5mm 정도의 가는 조각으로 하여 그 양끝에 금 등의 가는 금속선을 오믹 접속한 것이며, 피측정체 또는 캔틸레버 등에 접착제로 붙여서 사용된다. 확산형은 단결정판의 표면에 불순물을 확산하여 밑바탕 결정과 다른 전기 전도도를 가지는 층을 만든 것이며, 실리콘 등의 기판이 수압막을 겸하기 때문에 소형화가 쉬울 뿐만 아니라, 벌크형에서 크리프, 히스테리시스, 게이지율 변화 등이 원인이 되어 큰 결정으로 되어 있었던 접착형을 가지지 않기 때문에 이러한 결점이 제거되고 있다. 또 대량 생산에 적합하기 때문에 가격의 절감을 기대할 수 있는 등 많은 장점이 있으므로 앞으로는 확산형이 반도체 스트레인 게이지의 주류가 될 것이다.

스트레인 게이지는 차압 발신기, 압력 발신기, 카르멘 와류량계, 토크계 등에 널리 응용되고 있지만, 그 중에서도 특히 차압 발신기와 압력 발신기가 공업계측에서 중요한 응용 분야로 되어 있다.

연습문제

1. 부르동관, 다이어프램 및 벨로스의 특징과 동작 원리 및 구조를 설명하시오.

2. 로드 셀의 성능을 좌우하는 요인에 관하여 설명하시오.

3. 로드 셀의 보상 회로에 관하여 설명하시오.

4. 금속 스트레인 게이지와 반도체 스트레인 게이지의 특징을 비교하여 설명하시오.

5. 스트레인 게이지의 감도에 관하여 설명하시오.

6. 스트레인 게이지의 응용 분야를 쓰시오.

CHAPTER 07 위치 센서

7.1 근접 스위치

7.1.1 근접 스위치의 개요

그림 7.1 근접 스위치

근접 스위치는 리밋 스위치나 마이크로 스위치 등과 같은 기계적인 스위치와는 달리 비접촉으로 물체가 가까이 접근하였다는 것을 검출하는 스위치이기 때문에 종래의 기계적인 스위치에 비해 고속, 장수명, 고신뢰성 등의 장점이 있어 응용 분야는 대단히 넓다.

근접 스위치의 특징은 다음과 같다.

① 비점촉으로 검출하기 때문에 검출 물체나 센서 특성에 영향을 주지 않는다.

② 무접점 출력(전기적 접점)이므로 수명이 길고 보수가 불필요하다.

③ 물이나 기름이 비산(飛散)하는 악환경에서도 확실한 검출이 가능하다.

④ 응답 속도가 빠르다.

7.1.2 근접 스위치의 분류

1) 형상에 의한 분류

근접 스위치는 일반적으로 검출 원리에 따라 분류한다. 그러나 검출하고자 하는 물체의 형상이나 센서의 부착 방법 등을 고려하여 센서의 형상에 따라 분류 하는 법은 표 7.1과 같다.

표 7.1 근접스위치의 형상에 의한 분류

분 류	형 상	특 징
각주형		나사로 취부 쉴드 타입은 금속 내에 취부 가능
원주형		너트 또는 나사 구멍에 취부 쉴드 타입은 금속 내에 취부 가능
관통형		환상(環狀)형의 검출 헤드 내를 통과시켜 검출
홈형		취부 위치 조정이 용이
다점형(多点形)		고속, 장수명, 고신뢰성
평면 부착형		대형이므로 검출 거리가 길다.

2) 검출 방식에 의한 분류

(1) 고주파 발진형

고주파형 근접 스위치의 검출 회로는 그림 7.2와 같다. 이 회로에서는 발진회로의 발진 코일을 검출 헤드로 사용한다. 이 헤드 가까이에 금속체가 없을 때는 항상 발진 상태에 있고, 금속체가 접근하면 발진 코일의 자력선을 받아 유도작용에 의해 금속체 내부에 와전류가 발생하여 발진 코일의 저항분이 커져서 발진이 정지하고, 이것이 출력이 된다. 고주파형 근접 스위치에는 구성에 따라 앰프 내장형과 앰프 분리형의 2가지 종류가 있다.

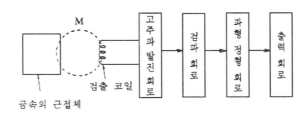

그림 7.2 고주파 발진형의 검출회로

앰프 내장형은 검출 코일, 고주파 발진 회로, 검파 회로, 파형 정형 회로, 출력 회로가 일체형으로 되어 있어 DC전원만 외부에서 연결하면 사용 가능하고, 앰프 분리형은 앰프 내장형에서 검출 코일을 고주파 발진 회로, 검파 회로, 파형 정형 회로, 출력 회로로부터 분리한 타입으로 센서 헤드부를 소형화할 수 있는 이점이 있고 앰프 내장형에 비해 검출 거리가 길고, 고정도의 검출이 가능하다.

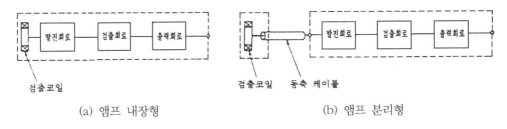

(a) 앰프 내장형   (b) 앰프 분리형

그림 7.3 구성에 의한 분류

근접 스위치의 하우징 내에는 수지를 충전하고 있으므로 방수, 내진성이 우수하고 먼지가 많고 다습한 장소에서의 사용도 가능하다. 동작 거리는 일반적으로 수 mm～25mm 정도이며 최고에서도 1,200mm 정도가 한도이다. 고주파형 근접 스위치를 사용할 경우 특히 주의해야 할 점은 근접 스위치의 크기나 재질에 따라 동작거리가 크게 변화하는 것이다.

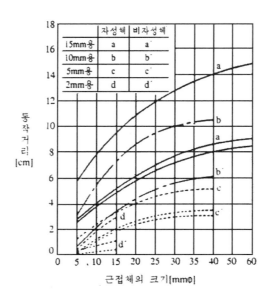

그림 7.4 동작거리에 따른 근접체 크기 재질 특성

이 특성의 예를 그림 7.4에 나타내었다. 또, 발진 코일에서 방사되는 자력선은 넓기 때문에 동작 영역은 검출체 이외의 금속체가 헤드 부근에 있을 때나 다른 근접스위치를 접근하여 설치하면 상호 유도 때문에 오동작이 발생하는 경우가 있으므로 주의해야 한다.

(2) 정전 용량형

정전 용량형 근접 스위치는 그림 7.5와 같이 고주파형 근접 스위치와 거의 같은 회로 구성으로 되어있다. 고주파형의 경우는 코일 부분에 발생시킨 수십 kHz의 자력선을 이용하지만 용량형은 수백 kHz～수 MHz의 고주파 발진 회로의 일부를 검출 전극판에 인출하여 전극판에서 고주파 전계를 발생시키고 있다.

6) 응답 주파수

그림 7.12와 같은 기어로 된 표준 검출 물체를 반복해서 근접시켰을 때 매초당 추종(ON, OFF) 가능한 횟수를 말한다.

$$응답\ 주파수\ f(\text{Hz}) = \frac{1}{t_1 + t_2}(\text{Hz})$$

7) N.O.(Normal Open) 출력과 N.C.(Normal Close) 출력

N.O(Normal Open) 출력은 검출 물체가 설정 거리보다 멀리 있을 때는 스위칭 접점을 열어 놓고 있다가 (OFF) 검출 물체가 가까이 접근하면 스위칭하는 (ON) 출력 동작을 말하며, N.C(Normal Close) 출력은 N.O.(Normal Open) 출력과는 반대로 검출 물체가 설정 거리보다 멀리 있을 때 출력하고 설정 거리 안에 들어 왔을 때 스위칭을 끊어 주는 출력 동작을 말한다.

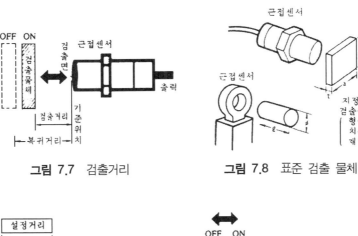

그림 7.7 검출거리　　　　　**그림 7.8** 표준 검출 물체

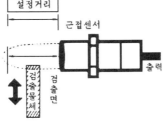

그림 7.9 설정 거리

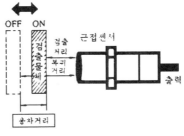

그림 7.10 응차 거리

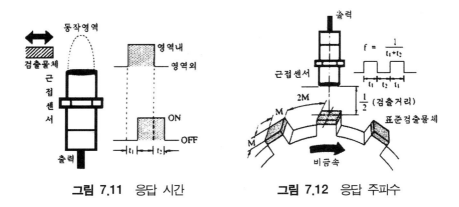

그림 7.11 응답 시간   **그림 7.12** 응답 주파수

7.2 마이크로 스위치

7.2.1 마이크로 스위치의 개요

기계식 센서의 가장 대표적인 ON/OFF 센서 중 하나가 마이크로 스위치이다.

ON/OFF 센서는 신호가 존재하는 "1"의 상태 "ON"이나 신호가 존재하지 않은 "0"의 상태 "OFF"인가의 상태를 나타내는 2값 센서로서 주로 물체의 유무를 검출하는 것이다.

마이크로 스위치는 조작 및 제어에서 중요한 구성요소로서 널리 사용되며, 미소접점 간격과 스냅 액션(snap action) 기구를 가지며, 규정된 동작과 정해진 힘으로 개폐 동작을 하는 접점 기구가 케이스에 내장되고, 그 외부에 액추에이터(actuator)를 가지도록 소형으로 제작된 스위치이다.

마이크로 스위치는 3.2mm 이하의 미소한 접점 간격과 작은 형상에도 불구하고 큰 출력을 가지는 신뢰할 수 있는 개폐기로서 다음과 같은 특징이 있다.

1) 장점

① 소형이면서 대용량을 개폐할 수 있다.
② 스냅 액션 기구를 채용하고 있으므로 반복 정밀도가 높다.
③ 응차의 움직임이 있으므로 진동, 충격에 강하다.
④ 기종이 풍부하기 때문에 선택 범위가 넓다.

⑤ 기능 대비 경제성이 높다.

2) 단점

① 가동하는 접점을 사용하고 있으므로 채터링이 있다.
② 전자 부품과 같은 고체화 소자에 비해서 수명이 비교적 짧다.
③ 동작시나 복귀시에 소리가 난다(이것은 때로는 장점이 되기도 한다).
④ 구조적으로 완전히 밀폐가 아니기 때문에 사용 환경에 제한되는 것도 있다.
⑤ 납땜 단자의 기종에서 작업성에 주의를 기울여야 한다(단자부는 완전 밀폐가 아니기 때문에).

7.2.2 마이크로 스위치의 구조 원리

마이크로 스위치의 일반적인 구조는 그림 7.13과 같으며, 이것을 주요 구성 요소별로 나누면 그림 7.14와 같다.

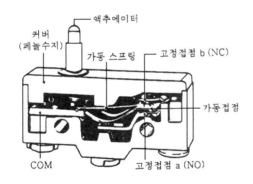

그림 7.13 마이크로 스위치의 내부 구조

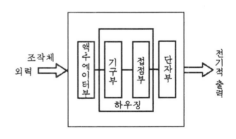

그림 7.14 구성 요소의 블록

통상 스프링재를 사용하고 액추에이터에 의해 스냅 액션하는 가동 접점 기구부, 가동 접점이 반전할 때 접촉 또는 단락되어 전기회로의 개폐를 유지하는 고정 접점부, 전지적인 입출력을 접속하는 단자부, 그리고 기구를 보호하고 절연성능이 우수한 합성수지 케이스의 하우중부로 구성되어 있다.

단자는 통상 3개가 있고 COM(Common : 공통 단자), NC(Normally Close Contact : b접

점 단자), NO(Normally Open Contact : a접점 단자)로 되어 있다.

여기서 접점(Contact)이란 전류를 통전(ON) 또는 단전(OFF)시키는 역할을 하는 기구를 말하는 것으로, 구조는 고정 접점과 가동 접점으로 구성되고 종류에는 기능에 따라 a접점과 b접점의 두 가지로 분류한다.

1) a접점

a접점은 조작력이 가해지지 않은 상태 즉, 초기상태에서 고정 접점과 가동 접점이 떨어져 있는 접점을 말하며, 조작력이 가해지면 고정 접점과 가동 접점이 접촉되어 전류를 통전시키는 기능을 한다.

열려 있는 접점을 a접점이라 하는데 작동하는 접점(arbeit contact)이라는 의미로서 그 머리글자를 따서 소문자인 'a'로 나타낸다. 또한 항상 열려있는 접점(normally open contact)이라고 한다.

통상 기기에 표시할 때에는 a접점보다 Normal Open의 머리글자인 NO로 표시하는 경우가 많다. 한편 논리값으로 나타낼 때는 회로가 끊어져 신호가 없는 상태이므로 0으로 나타낸다.

2) b접점

b접점은 초기상태에 가동 접점과 고정 접점이 붙어 있는 것으로 외력이 액추에이터에 작용되면 즉, 조작력이 가해지면 가동 접점과 고정 접점이 떨어지는 접점을 b접점이라 한다.

즉, b접점은 초기상태에서 닫혀 있는 접점을 말하며, 끊어지는 접점(break contact)이라는 의미로서 그 머리글자를 따서 소문자인 'b'로 나타낸다. 또한 b접점은 항상 닫혀 있는 접점(normally close contact)이라는 의미로서 'NC 접점'이라 부르며 회로가 연결되어 신호가 있는 상태이므로 논리값으로는 1로 나타낸다.

7.2.3 마이크로 스위치의 종류와 형식

마이크로 스위치는 크게 일반형(Z형)과 이보다 약간 작은 소형(V형)으로 분류되며, 액추에이터의 종류나 접점 간격, 접촉 형식, 단자 모양 등에 따라 여러 가지 종류가 있다.

표 7.4는 액추에이터의 종류에 따른 마이크로 스위치의 분류와 선정시 요점에 대해 나타
낸 것이다.

표 7.4 마이크로 스위치의 분류

형 상	분 류	동작까지의 움직임 (PT)	동작에 필요한 힘 (OF)	설 명
	핀 누름버튼형	소	대	짧은 스트로크로 직선동작의 경우에 적당하고 마이크로 스위치의 특성을 그대로 이용할 수 있으며 가장 고정도로 위치 검출을 할 수 있다.
	스프링 누름버튼형	소	대	동작 후의 움직임은 핀 누름버튼형보다 크게 취할 수 있고 핀 누름버튼형과 같이 사용할 수 있다. 편하중을 피하여 축심에 거는 것이 필요하다.
	스프링 짧은 누름버튼형	소	대	동작 후의 움직임을 크게 취할 수 있다. 누름버튼의 길이가 짧고 심을 내는 것이 용이하도록 플런저 지름이 크게 되어 있다.
	패널 부착 누름버튼형	소	대	누름버튼형에서 직선동작형 내에서는 동작 후의 움직임은 최대이다. 패널에는 육각너트, lock 너트로 고정하여 수동 또는 기계적으로 동작시키지만 저속 캠과 조합해서도 사용할 수 있다.
	패널 부착 롤러 누름버튼형	소	대	롤러 누름버튼형은 패널 부착형에 롤러를 부착한 것으로 캠·도그로 동작시킨다. 동작 후의 움직임은 패널부착형보다 조금 작지만 부착위치의 조정은 마찬가지로 가능하다.
	리프·스프링형	중	중	고내력 리프 용수철을 갖추고 스트로크를 확대 저속캠, 실린더 구동에 최적이다. 지지점 고정으로 정도가 높다.

형 상	분 류	동작까지 의 움직임 (PT)	동작에 필요한 힘 (OF)	설 명
	롤러 · 리프 · 스프링형	중	중	리프 · 스프링형에 롤러를 부착한 것, 캠, 도그의 조작으로 편리하게 사용할 수 있다.
	힌지 · 레버형	대	소	저속 저토크의 캠에 이용할 수 있고 레버는 조작체에 맞춰서 여러 가지 형상을 취할 수 있다.
	힌지 · 암 · 레버형	대	소	힌지 · 레버의 선단을 둥글게 구부린 것으로 쉽게 롤러 형식으로서 사용할 수 있다.
	힌지 · 롤러 · 레버형	대	소	힌지 · 레버에 롤러를 부착한 것으로 고속 캠에 적당하다.
	한방향 동작힌지 · 롤러 · 레버형	중	중	한 방향에서의 조작체에 대해서는 동작 가능한 것을 역방향동작 방지용으로서 사용할 수 있다.
	역동자 힌지 · 레버형	대	중	저속 저토의 캠에 이용할 수 있고 레버는 조작체에 맞춰 여러 가지 형상을 취할 수 있다.
	역동작 힌지 · 롤러 · 레버형	중	중	역동작 힌지 · 레버형에 롤러를 부착한 것으로 캠 동작에 적당하다. 내진동성, 내충격성에 우수하다
	역동작 힌지 · 롤러 · 단레버형	소	대	역동작 힌지 롤러 · 레버를 짧게 한 것으로 동작력은 크게 되지만 짧은 스트로크의 캠 동작에 적당하다
	플렉시블 · 로드형	대	소	축심방향을 제외하고 360° 어느 방향에서도 조작 가능하다. 동작력이 작고 방향과 형상이 불균일한 경우의 검출에 유효하다.

7.2.4 마이크로 스위치의 동작 특성

마이크로 스위치에서 가장 중요한 기구는 스냅 액션 기구이다. 스냅 액션이란 스위치의 접점이 어떤 위치에서 다른 위치로 빨리 반전하는 것이고, 더구나 접점의 움직임은 상대적으로 액추에이터의 움직임과 관계없이 동작하는 것을 의미하고 있다.

현재 사용되고 있는 스냅 액션 기구는 판 스프링 방식과 코일 스프링 방식으로 크게 나누어진다.

이 중에서 고감도, 고정밀도를 얻을 수 있는 판 스프링 방식이 많이 채용되고 있다.

마이크로 스위치를 선정할 때는 액추에이터의 형상이나 접점의 개폐 능력이 당연히 중요시되지만, 마이크로 스위치가 동작하는 데 필요한 힘이나 접점이 개폐될 때까지의 동작거리 등의 동작 특성도 검토하지 않으면 안 된다.

더욱이 마이크로 스위치의 용도가 기계 가동부의 위치 검출이 아닌 가벼운 물체의 유무 검출이나 컨베이어상의 통과 검출을 위한 용도 등에는 이 동작 특성을 정확히 검토하지 않으면 기능을 수행하지 못하게 되기 십상이다.

7.2.5 접점 보호 회로

마이크로 스위치의 접점 수명을 연장시키고, 잡음방지, 아크에 의한 응착이나 착화물의 생성을 줄이기 위해 여러 가지 접점 보호 회로를 사용하는데 바르게 사용하지 않았을 경우 오히려 부작용이 초래되기도 한다.

또한 접점 보호 회로를 사용할 경우 부하의 동작 시간이 다소 늦어지는 경우도 있다.

표 7.5는 접점 보호 회로의 대표적인 예이다. 특히 습도가 높은 분위기에서 아크가 발생하기 쉬운 부하, 예를 들면 유도부하를 개폐할 경우, 아크에 의해 생성되는 질소산화물(NO_x)과 수분에 의해 질산(HNO_3)이 생성되어 내부의 금속 부분을 부식하여 동작에 장애를 일으키는 수가 있다.

따라서 고습도 분위기에도 고빈도, 아크가 발생하는 회로 조건에 사용할 경우에는 반드시 보호 회로를 사용해야 한다.

센서공학 개론

표 7.5 접점 보호 회로

회로	적용		특 징	소자선택법
	AC	DC		
CR 방식	△	○	AC 전압으로 사용할 경우, 부하의 임피던스가 CR의 임피던스보다 충분히 작을 것	C, R의 적당한 값은 C : 접점전류 1A에 대해 1~0.5(μF) R : 접접전압 1V에 대해 1~0.5(Ω)이다. 부하의 성질 등에 따라 다소 차이가 있다. C는 접접 개방시 방전 억제 효과를 가지고, R은 재투입시 전류 제한 역할을 한다.
	○	○	부하가 릴레이, 솔레노이드 등인 경우는 동작시간이 늦어진다. 전원전압이 24, 48V인 경우는 부하 사이에, 100~200V인 경우는 접점 간에 접속하면 효과적이다.	
다이오드 방식	×	○	코일에 남아 있는 에너지를 병렬 다이오드에 의해 전류로 코일에 흘리고, 유도부하의 저항분을 줄열로 소비시킨다. 이 방식은 CR방식보다도 복귀시간이 느리다.	다이오드는 역내 전압이 회로 전압의 10배 이상인 것으로, 순방향 전류는 부하전류 이상의 것을 사용한다.
다이오드 + 제너 다이오드 방식	×	○	다이오드 방식에는 복귀시간이 너무 늦어질 경우 사용하면 효과적이다.	제너 다이오드의 제너 전압은 전원전압 정도의 것을 사용한다.
바리스터 방식	○	○	바리스터의 정전압 특성을 이용하여 접점 간에 매우 높은 전압이 인가되지 않도록 하는 방식이다. 전원전압이 24~48V시는 부하 간에, 100~200V시는 접점 간에 접속한다.	

7.3 리밋 스위치

7.3.1 리밋 스위치의 개요

통상 마이크로 스위치는 합성수지 케이스 내에 주요 기구부를 내장하고 있기 때문에 밀봉되지 않고, 제품의 강도가 약해 설치 환경에 제약을 받는다. 그래서 마이크로 스위치를 물, 기름, 먼지, 외력 등으로부터 보호하기 위해 금속케이스나 수지 케이스에 조립해 넣은 것을 리밋 스위치라 한다.

즉, 리밋 스위치는 견고한 다이캐스트 케이스에 마이크로 스위치를 내장한 것으로 밀봉되어 내수, 내유, 방진 구조이기 때문에 내구성이 요구되는 장소나 외력으로부터 기계적 보호가 필요한 생산설비와 공장 자동화 설비 등에 사용된다. 따라서 리밋 스위치를 봉입형 마이크로 스위치라고도 한다.

7.3.2 리밋 스위치의 구조 원리

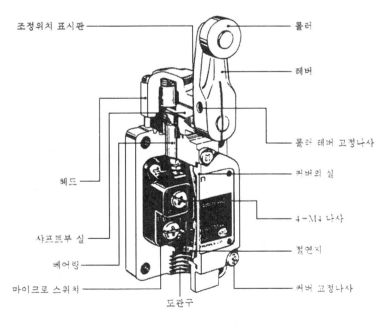

그림 7.15 리밋스위치의 구조도

리밋 스위치는 크게 동작 헤드부, 스위치 케이스, 내장 스위치부로 구성되어 있으며 일반형의 리밋 스위치 구조도를 그림 7.15에 나타냈다.

7.3.3 리밋 스위치의 종류와 형식

리밋 스위치도 마이크로 스위치와 마찬가지로 액추에이터의 형상에 따라 여러 종류의 리밋 스위치가 있어 각각 용도에 최적기능을 발휘하도록 준비되어 있다.

7.3.4 마이크로 · 리밋 스위치의 도면기호 표시법

마이크로 스위치나 리밋 스위치를 검출 센서로 사용한 제어계를 도면으로 나타내는 방법에는 크게 실체 배선도와 선도가 있다. 실체 배선도란 기기의 접속이나 배치를 중심으로 한 그림으로서 상대적인 제어 기기의 배치를 그림 기호에 의하여 표시하고 배선의 접속 관계를 나타낸 그림이다. 회로에 대한 내용을 상세하게 명시하므로 회로를 배선하는 경우에 편리하다. 그러나 표현의 어려움이나 회로의 판독에도 어려움이 있어 많이 사용되지 않고, 주로 시퀀스도의 표현에는 선도를 이용하며 선도에서도 전개 접속도를 가장 많이 이용한다. 전개 접속도란 복잡한 제어 회로의 동작을 순서에 따라 정확하고, 또 쉽게 이해할 수 있도록 고안된 회로도로서, 각 기기의 기구적 특성이나 동작원리 등을 생략하고 단지 정해진 도면 기호만을 이용하여 그 기기에 속하는 제어 회로를 각각 단독으로 꺼내어 동작 순서에 따라 배열하여 분산된 부분이 어느 기기에 속하는가를 기호에 의해 표시하는 것이다.

표 7.6 리밋 스위치의 종류

형 상	분 류	동작까지의 움직임 (PT)	동작에 필요한 힘 (OF)	설 명
	롤러 레버형	소 · 대	중	회전 방향에의 스트로크가 45~90°로 크고, 레버는 360° 임의의 각도로 조정이 가능하여 사용하기 쉽다.

형 상	분 류	동작까지의 움직임 (PT)	동작에 필요한 힘 (OF)	설 명
	가변 롤러 레버형	소·대	중	롤러 레버형의 특징을 살려서 폭넓은 범위에서 조작체의 검출이 가능한 형식으로 레버 길이의 조절이 가능하다.
	가변 로드 레버형	대	중	일감의 폭이 넓거나 형상이 불균일할 때 편리, 회전 동작형 리밋 스위치 중에서는 가장 민감하게 동작한다.
	포크레버 LOCK형	대	중	55°의 위치까지 조작하면 스스로 회전하여 동작 후의 상태를 유지한다. 롤러 위치가 서로 엇갈린 형식은 2개의 도그에 의한 조작이 가능하다.
	플런저형	소	중	유압, 에어 실린더 등에 의한 조작에서의 위치검출에 높은 정도를 가진다.
	롤러 플런저형	소	대	캠, 도그, 실린더 외에 보조 액츄에이터를 장착하여 광범위한 조작이 가능하다. 위치 검출에 높은 정도를 가진다.
	볼 플런저형	소	대	조작방향의 제한이 없어 장치하는 면과 조가방향이 다른 경우나 직교하는 2축의 조작이 필요한 경우에 편리하다.
	코일 스프링형	중	소	축심방향을 제거하여 360° 어느 방향에서도 조작이 가능. 동작력은 리밋 스위치 가운데 가장 낮고, 방향이나 형상이 불균일한 경우의 검출에 유효하다.
	힌지 레버형	대	소	저속, 저 토크의 캠에 이용되며 레버는 조작체에 따라 여러 가지 형태가 만들어진다.
	힌지 롤러 레버형	대	소	힌지 레버에 롤러를 단 것으로, 고속 캠에 적당하다.
	롤러 암형	중	중	롤러의 위치를 변화시킬 수 있다.

따서서 각 기기의 도면 기호는 규격으로 정하고 있으면, 마이크로 스위치나 리밋 스위치의 접점 기호는 그림 7.17과 같이 표시한다.

(a) a접점 (b) b접점

그림 7.17 마이크로 · 리밋스위치의 접점기호

7.4 · 광전 스위치

광전 스위치란 광원을 매체로 전기량을 광량으로 변환 · 방사하여 방사된 빛이 피검출물체에 따라서 차광되기도 하고, 또한 빛이 반사, 흡수, 투과되기도 하여 변화를 받는데, 그 변화를 받는 빛을 수광소자로 받아서 광전 변환하고 변화량으로 어느 정도 증폭, 제어를 하여 최종적인 제어 출력으로서 ON-OFF의 스위칭 출력을 얻는 것을 말한다. 그러나 광원을 없이 피검출 물체 자체가 방사하는 빛의 변화량으로 동작시키는 것이나 제어출력이 스위칭 신호가 아니고 아날로그인 전압 · 전류 등의 것도 있으며, 이들을 포함하여 보통 광전 스위치라고 부른다. 광전 스위치는 물체의 유무, 통과 여부, 정 위치 등의 검출에서부터 물체의 대소 및 색상의 차이 판별 등의 고도 정밀 검출 기능까지 행할 수 있기 때문에 자동 제어, 계측, 품질 관리 등 여러 산업 분야에서도 폭넓게 이용되고 있다.

7.4.1 광전 스위치의 동작 원리

그림 7.18은 광전 스위치의 내부구조이며, 그림 7.19는 각 부분의 파형을 나타내었다.

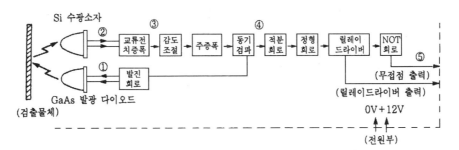

그림 7.18 광전 스위치의 내부 구조

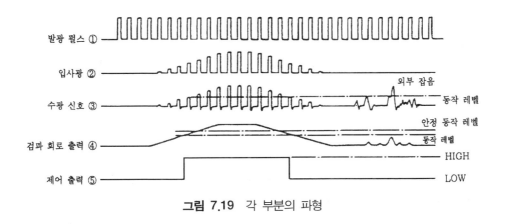

그림 7.19 각 부분의 파형

1) 투광부

LED를 변조시키기 위해서 스위칭 발진이 필요하며 따라서 변조용 발진 회로가 필요하다. 이 발진 회로에는 단안정 멀티바이브레이터(multivibrator) 블로킹 OSC, 리니어 IC에 의한 멀티바이브레이터, UJT에 의한 OSC 등이 있다. 발진 파형은 LED의 특성, 광전 스위치의 응답 시간, 앰프의 특성 등에 의해서 결정되며, 보통 발진 주기는 0.1~1ms(1~10kHz)이고 발진파에서 ON상태의 시간은 10~100μs정도이므로, 듀티비(T_1 / T_2)는 0.1~0.05 정도이다.

2) 수광부

검출 물체에 방사된 빛은 반사 또는 흡수되어 수광 소자면에 반사되어 포토트랜지스터나 포토다이오드 등에서 광전 변환되어 전기신 로 변환된다. 이 광전 변환 부분은 내·외란광 및 효율이 좋은 광전 변환된 전기적 신호는 포토트랜지스터를 거쳐서 외란광(태양광 등)을

113

제외한 변조광만 효율 좋게 광전 변환되어 증폭된다. 이 후단에는 광전 변환된 신호를 크게 증폭시키는 펄스 앰프가 있으며, 이 주파수 특성은 상용 주파수 및 그 고조파 영역은 통과시키지 않는 로패스 필터의 특성을 가지고 있다.

3) 동기 검파와 적분 회로

앰프에 의해 충분히 증폭된 신호는 성분이나 전기 노이즈를 포함하고 있을 가능성이 있다. 이 때문에 발광부에서의 발광 동기 신호를 앰프부에 가하여 발광 시간 이외에는 램프 출력을 검파회로에 출력하지 않도록 하여 듀티비(T_2/T_1)의 확률 배만큼의 불필요 성분을 제거하고 있다. 이것을 동기 검파라 하며 변조형 광전 스위치를 더욱 안정하게 만든다. 여기에 동기 후의 다이오드에서 검파된 신호는 피크홀드 적분회로에 보내져서 직류 레벨 신호가 된다.

4) 정형 회로와 출력 회로

적분회로의 레벨 신호는 적당한 히스테리시스(hysteresis) 특성을 주는 정형회로에 의해 샤프한 검출과 안정된 동작을 한다. 정형된 신호는 출력 스위칭 회로를 구동시켜 제어 출력으로서 외부에 출력된다. 출력 회로는 릴레이를 구동시킬 수 있는 충분한 용량과 서지 등의 보호 회로가 있는 것이 불가결한 조건이다.

7.4.2 광전 스위치의 특징

광전 스위치의 특징은 다음과 같다.
① 비접촉으로 검출하므로 피검출 물체에 상처를 남긴다든지, 영향을 주지 않는다.
② 검출 스위치 중에서 가장 검출거리가 길다.
③ LED 방식으로 동작하므로 수명 부품이 없어져서 긴 수명의 솔리드 스테이트 스위치로 되어 있다.
④ 물체의 표면 상태인 색, 광택, 요철 등을 검출할 수 있다.
⑤ 적외선을 사용하여 종이나 필름의 겹침 등 투광도의 차에 의한 검출이 가능하다.
⑥ 응답 속도가 0.1~20ms 정도로서 빠르다.

⑦ 금속, 종이, 나무, 유리 등 모든 물체를 검출할 수 있다.

⑧ 검출 정밀도가 높다.

⑨ 무소음이며, 0.5~1W의 저소비 전력으로 동작한다.

⑩ 소형, 경량이고, 사용 장소의 자유도가 크다.

⑪ 자기 및 진동의 영향을 받지 않는다.

⑫ 외란광에는 10만 럭스(Lux) 정도까지는 사용할 수 있지만 특수한 조건에서 램프식 등은 주의할 필요가 있다.

7.4.3 광전 스위치의 분류

1) 검출 방식에 의한 분류

(1) 투과형

그림 7.20과 같이 투광기와 수광기가 서로 분리된 형태로 투광기와 수광기 사이의 빛을 차단하면 검출 신호가 발생하는 타입의 광전 스위치이다. 투과형의 특징은 검출 거리가 길고, 검출 정밀도가 검출의 신뢰성이 높고, 또한 작은 물체나 불투명체도 검출할 수 있다는 장점을 가지고 있다.

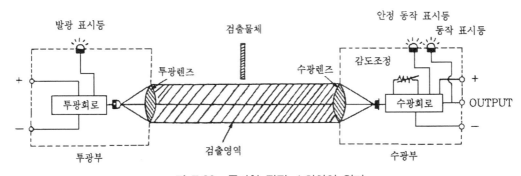

그림 7.20 투과형 광전 스위치의 원리

(2) 직접 반사형

그림 7.21과 같이 투광기와 수광부가 일체형으로 된 구조이며, 투광기에서 방사된 빛이 검출 물체에 직접 닿아서 거기에서 반사되어 온 빛의 변화를 수광기가 검출함으로써 동작하는

타입이다. 이 직접 반사형의 특징은 배선이 간단하고, 좁은 공간에도 쉽게 설치할 수 있는 장점을 지니고 있다.

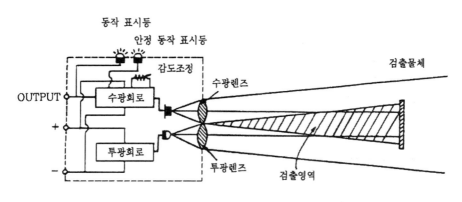

그림 7.21 직접 반사형 광전 스위치의 원리

(3) 거울 반사형

거울 반사형은 리플렉터형로서, 그림 7.22에서 보는 바와 같이 투광부와 수광부가 일체화된 구조로 되어 있고, 검출에는 반사판(Mirror)을 사용하고 있다. 투광기와 수광기만 배선하면, 직접 반사형에 비해서 설정 거리도 5~10배 정도 길고, 광축 맞춤도 훨씬 간편하지만 검출 물체의 표면에 광택이 있으면 오동작을 일으키는 경우가 있으므로 검출 물체의 반사율에 주의할 필요가 있다.

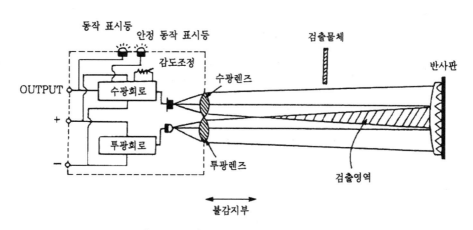

그림 7.22 거울 반사형 광전 스위치의 원리

(4) 복사광 검출형

투광기는 없고 수광기만으로 구성된 형태로 HMD라 부른다. 뜨거운 철 등에서 나오는 적외선을 검지하여 동작하는 타입으로, 대부분 철강 설비용으로 사용된다. 열, 물, 먼지 등이 많은 나쁜 작업 환경에서도 충분히 사용할 수 있는 구조로 되어 있다.

2) 구성에 의한 분류

(1) 앰프 내장형

앰프 내장형은 투광부와 수광부와 앰프 및 스위칭부가 같은 케이스 내에 들어 있는 타입으로, 직류 전원을 가하면 ON-OFF 출력을 얻을 수 있으며, 노이즈에 강하다. 또 광전 스위치 안에 수명 부품을 사용하지 않고, 케이블을 길게 할 수 있는 등의 장점을 지니고 있다. 최근에는 간편성 때문에 앰프 내장형이 많이 사용되고 있다.

(2) 앰프 분리형

앰프 분리형은 투·수광 소자만을 앰프로부터 분리하여 검출부가 소형이며, 감도 조정을 먼 장소에서도 할 수 있다. 투·수광부로부터 앰프까지 배선해야 하므로 앰프 내장형에 비해서 노이즈에 약하며 전용 유니트가 필요하다. 검출 헤드가 초소형이므로 공간적인 제약이 있는 곳에 적용하는 경우가 많다.

(3) 전원 내장형

전원 내장형은 앰프, 전원, 출력 릴레이, 투·수광 소자 등 동작에 필요한 모든 부분을 모두 내장한 타입이다. 상용 전원만으로 릴레이 접점 출력이 얻어지므로 사용상 매우 간편하다. 그러나 외형이 크고, 검출 정도가 낮기 때문에 유무와 통과 등의 단순한 검출에 적합하다.

3) 출력 형태에 의한 분류

광전 스위치의 출력 형태는 무접점 출력이 일반적이다. 출력 형태로서는 직류형에서는 물체를 검출한 상태에서 출력이 OFF되는 노멀 클로즈(normal close)형과 물체를 검출한 상태에서 출력이 ON되는 노멀 오픈(normal open)형이 있으므로 제어 회로측과 매칭되는 것을 선정해야 한다. 교류형에도 역시 노멀 오픈형과 노멀 클로즈형이 있으며 부하의 구동 방식에 따라 2선식과 3선식으로 분류하는데, 2선식은 배선에는 편리하지만 반드시 부하를 직렬로 접속하여 사용하지 않으면 파괴되므로 주의해야 한다.

7.5 ▸ 레이저변위 센서

종래의 광전 스위치나 근접 스위치 등은 설정 거리 안에 검출 물체가 존재 여부만을 판정하여 ON/OFF 출력을 내는 센서가 대부분이었으나, 최근에는 센서 기술의 고도화와 인텔리전트화로 물체의 유무를 판정하는 것뿐만 아니라 어느 위치에 검출 물체가 있는가의 출력 데이터를 요구하게 되었다. 이러한 요구에 부응하여 개발된 센서가 변위 센서이고, 물체의 이동량, 높이, 폭, 두께 등의 치수 측정에 이용한다.

변위를 측정하는 방식으로는 자계, 음파, 광 등을 이용한 비접촉식 변위 센서와 다이얼 게이지, 차동 트랜스 등을 이용한 접촉식 변위 센서로 구분할 수 있다. 광을 이용한 광학식 변위 센서 중에서도 광원으로 반도체 레이저를 사용한 레이저 변위 센서가 빔의 감쇄가 적고, 외란광의 영향을 적게 받으며, 측정 거리가 길기 때문에 가장 많이 사용되고 있다. 레이저 변위 센서는 삼각 측량법에 응용되고, 발광 소자와 반도체 위치 검출 소자(PSD)로 구성되어 있다. 발광 소자에는 발광 다이오드와 반도체 레이저가 사용되고 반도체 레이저의 광은 투광 렌즈를 통해서 집광되고 측정 대상물에 조사하게 된다. 측정 대상물에서 확산 반사된 광선의 일부는 수광 렌즈를 통해 광위치 검출 소자 위에 스포트를 맺는다. 따라서 대상물이 이동함에 따라 스포트도 이동하므로 그 스포트의 위치를 검출하면 대상물의 변위량을 알 수 있다.

7.5.1 반도체 위치 검출 소자

반도체 위치 검출 소자는 실리콘 포토 다이오드를 응용한 광스포트의 위치 검출용 센서로 연속된 전기신호를 얻으며, 위치 분해능과 응답성이 우수하다. 특히 광을 이용하기 때문에 종래의 아날로그형 위치 검출 소자에 비해 가동부인 광원이 반드시 반도체 위치 검출 소자에 근접할 필요는 없다. 또한 광원의 에너지 크기에 관계없이 입사광의 위치를 구할 수 있다.

반도체 위치 검출 소자는 그림 7.23과 같이 평판상의 실리콘 표면에 p층, 이면에 n층, 그 중간에 i층으로 구성되어 있다. 이것은 일반적인 포토다이오드와 동일하지만 반도체 검출 소자는 pn접합의 p층 혹은 n층 양쪽이 저항값이 큰 저항층으로 되어 있는 것이 다른 점이다.

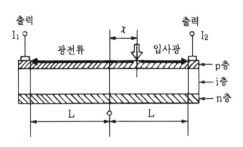

그림 7.23 반도체 위치 검출 소자의 원리

반도체 검출 소자에 스포트 광이 입사되면 입사 위치에는 광에너지에 비례하는 정(＋) 또는 부(－)의 전하가 발생하고, 이것이 저항층(p층)을 통과하여 입사점 근처의 p층에 정, n층에 부의 전하가 되어 나타난다. 여기서 저항층은 전면적으로 균일한 저항값을 갖도록 만들어져 있기 때문에 p층 내의 불균일한 정의 전하 분포가 p층 내의 전하의 흐름을 만들어 내고, 양단 출력 전극까지의 거리에 반비례하는 전류가 출력 된다. 여기서 반도체 위치 검출 소자 (PSD)의 전극에서 중심까지의 거리를 L, 중심에서 입사광까지의 거리를 χ, 전극에서 나오는 전류를 I_1, I_2의 차 및 비와 χ와의 관계는 다음 식 (7.1)과 (7.2)으로 표현된다.

$$(I_2 - I_1)/(I_1 + I_2) = \chi / L \tag{7.1}$$

$$I_1 / I_2 = (L - \chi)/(L + \chi) \tag{7.2}$$

연습문제

1. 근접 스위치의 특징을 설명하시오.

2. 마이크로 스위치의 특징을 설명하시오.

3. 마이크로 스위치의 구조에 대하여 설명하시오.

4. 광전 스위치의 특징에 관하여 설명하시오.

5. 리밋 스위치의 구조에 대하여 설명하시오.

6. 반도체 위치 검출 소자의 동작원리에 관하여 설명하시오.

CHAPTER 08 초음파 센서

8.1 초음파 센서의 개요

초음파 센서는 음향 에너지 중에서 비교적 높은 영역을 검출하기 위한 센서의 총칭으로, 20kHz~1MHz 정도의 주파수 대역을 검출 대상으로 한다. 그림 8.1은 음향 주파수를 나타낸 것이다.

초음파는 빛이나 전파와 같은 파동 에너지이지만 전파 속도가 늦고, 반사하기 쉬운 특징 때문에 각종 거리계, 소너, 진단 장치 등에 이용되고 있다. 또한 큰 음향 에너지를 전송할 수 있어, 각종 가공기, 용착기, 세정기 등에도 사용되고 있다. 그 외에 해충 구제, 살균, 동물의 포획 등에도 이용되고 있다.

그림 8.2는 초음파의 응용 분야를 정리한 것으로, 그림을 보면 정보적 응용, 동력적 응용, 기타 응용으로 크게 구별하는데, 정보적 응용은 초음파를 정보로서 이용한 것이다. 동력적 응용는 진동 에너지를 동력적으로 응용하는 것과 열로 변환시켜 이용하는 것이 있다. 기타 응용는 정보적 응용과 동력적 응용 어디에도 속하지 않는 것으로, 해충의 구제, 각종 치료, 살균, 동물의 포획 등을 들 수 있다.

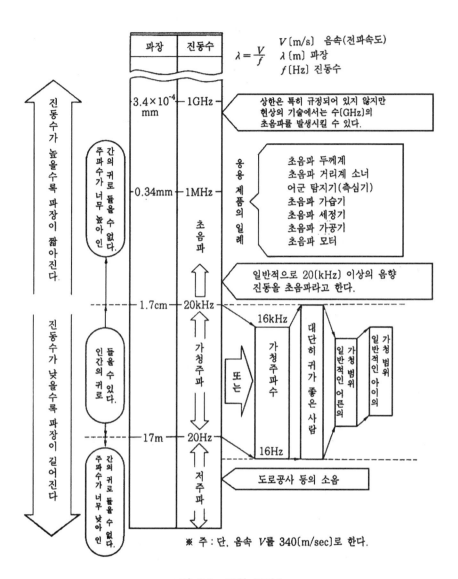

그림 8.1 음향 주파수

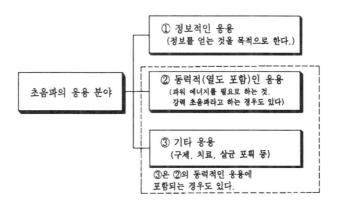

그림 8.2 초음파의 응용분야

초음파 센서의 원리

초음파 센서는 초음파를 측정 대상물을 향해 발사하여, 그 음파가 대상물에 반사되어 돌아올 때까지의 시간을 재서 센서와 대상물의 거리를 측정한다.

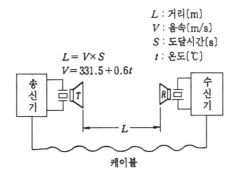

그림 8.3 초음파 센서의 원리

센서와 대상물의 거리를 L, 반사파를 수신할 때까지의 시간을 S, 기온을 t 라고 하면 물체까지의 거리는 다음과 같다.

$$L = V \times S \tag{8.1}$$

123

여기서 음속(V)은 $V = 331.5 + 0.6t\,(\mathrm{m/s})$이다.

공기 중에서 음속의 전달 속도는 온도가 일정하면 정속도이다. 초음파 센서는 지향성이 있으므로 취부시에 주의해야 하며, 부하 임피던스에 의해 중심주파수와 감도가 변화하므로 사용시 주의해야 한다.

8.3 초음파 센서의 종류

8.3.1 압전형 초음파 센서

어떤 종류의 압전소자에 응력을 걸었을 때 전기 분극을 일으켜 응력에 비례한 전압을 발생하는 현상을 압전 효과라고 하며, 반대로 전압을 걸었을 때에는 그 크기에 비례한 변형이 생기는 현상을 역압전 효과라고 한다.

일반적으로 초음파 센서에는 압전 효과를 이용한 것이 많고, 소자 재질에 따라 수십kHz에서 수GHz까지 검출이 가능하다. 압전 효과에는 그림 8.4와 같이 응력과 같은 방향에 전압이 발생하는 세로 효과나 수직 방향에 발생하는 가로 효과가 있고, 미끄럼 변형 효과에 대응하는 것도 있다. 압전 재료의 형상도 원판형 진동자, 원통형 진동자, 바이모르프형 진동자 등과 같이 여러 종류가 있다.

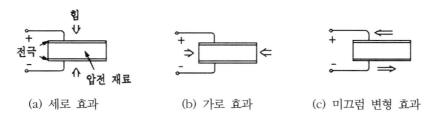

(a) 세로 효과   (b) 가로 효과   (c) 미끄럼 변형 효과

그림 8.4 압전 효과에 의한 전압의 발생

1) 압전 재료

① 결정 : 압전성을 나타내는 단결정에는 수정 등의 유전체, 티탄산바륨, 니오브산리튬, ADP, 황산리튬 등의 강유전체, CdS 등의 반도체가 있다. 수정은 안정하고 손실도 적어 양질의 압전 재료이나 변환 효율이 적은 결점이 있다.

② 세라믹스 : 세라믹스는 값이 염가이며, 첨가물에 의한 특성 제어가 가능하다는 점에서 초음파 센서 재료로 널리 사용되고 있다. 대표적인 재료로는 티탄산바륨계, 티탄산납계, 지르콘티탄산납(PZT)계 등이 있으며, 최근에는 PZT에 다른 성분을 가한 3성분계가 주류를 이루고 있다.

③ 박막 : 수백MHz 이상의 높은 주파수를 취급하는 초음파 센서에는 두께가 얇은 것이 요구되며, 주로 ZnO 등의 박막이 사용되고 있다.

④ 고분자 : 폴리플루오르화비닐리덴(PVDF) 필름은 압전 특성이 뛰어나며, 음향 임피던스가 물이나 생체와 유사하여 사용하기 쉬운 재료이다. 또 PZT를 PVDF 내에 분산시킨 것이나 PZT를 고분자 속에 분산시킨 고분자 복합 압전체도 만들어지고 있다.

2) 압전형 센서의 구조

압전형 초음파 센서는 그림 8.5에 나타낸 것과 같이 이용 목적에 따라 구조가 달라진다. 비파괴 검사 등 고체를 대상으로 한 것은 세로파용, 가로파용, 표면파용 등 검사 목적에 따라 알맞은 탐촉자가 사용되며, AE 검출용 등 고감도가 요구되는 경우에는 압전재료의 공진 특성을 지닌 것이 이용된다. 또한 센서와 대상물의 틈새가 나쁜 영향을 미치기 때문에 기름 등의 커플링재가 사용된다.

액체용 센서는 비교적 단순한 구조가 많으나, 바닷속이나 생체 내부의 가시화 등 초음파 촬상 기술에 사용되는 초음파 센서에는 많은 압전 소자를 늘어놓은 어레이 구조로 된 것이 사용되므로 지향 특성의 조절이 가능하다.

리모컨 등 공기 속의 초음파 이용에는 기체와 고체의 음향 임피던스의 큰 차이에 의해 압전 재료를 그대로 사용하면 효율 좋은 초음파 송수가 되지 않으므로 압전막을 두 장 붙여 굴곡 운동을 시키는 바이모르프 구조의 압전 진동막이 사용된다.

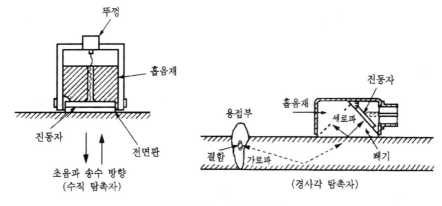

(a) 탐상용 초음파 센서

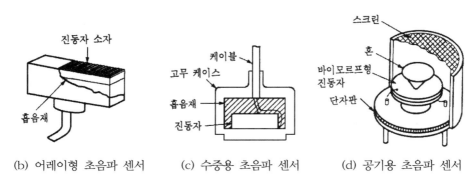

(b) 어레이형 초음파 센서　(c) 수중용 초음파 센서　(d) 공기용 초음파 센서

그림 8.5 각종 압전형 초음파 센서의 구조

8.3.2 자기 변형 초음파 센서

자기 변형 초음파 센서는 자성 재료에 자기장을 가하면 자기장 방향으로 응력이 생기는 자기 변형 효과와 응력을 가하면 자화가 변화하는 역자기 변형 효과를 이용한 센서이다. 자기 변형 효과도 전기 변형 효과와 같이 2차의 비선형 효과로 직류 바이어스 자기장을 가하여 사용한다.

자기 변형 재료로는 Ni이나 알루펠 등의 금속 자성체나 페라이트가 많이 사용되는데, 금속 자기 변형 재료는 전기 저항이 낮아 와전류손을 줄이기 위해 얇은 판을 적층하여 사용한다. 자기 저항이 큰 페라이트에서는 그럴 필요가 없다. 바이어스 자기장은 직류 전류를 중첩

하는 경우와 영구 자석을 부착하는 방법이 사용된다. 그림 8.6은 자기 변형 초음파 센서의 대표적인 구조를 나타낸 것으로, 주파수의 상한은 100kHz 정도까지이며, 주로 해양 계측용으로 사용된다.

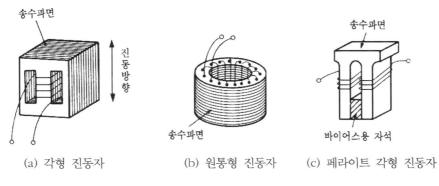

(a) 각형 진동자   (b) 원통형 진동자   (c) 페라이트 각형 진동자

그림 8.6 자기 변형 진동자

8.3.3 전자기형 초음파 센서

전자기형 초음파 센서는 금속 표면에 놓인 코일에 직류 전류가 흐르면 금속 내에 유기된 와전류와 자기장의 상호 작용에 의해 금속 내에 초음파를 발생시키고, 초음파와 자기장의 상호 작용에 의해 발생하는 전류를 코일로 검출하는 특수한 센서이며 금속의 탐상에 쓰인다.

8.3.4 탄성 표면파 센서

탄성 표면파는 압전 재료 표면으로 전해지는 파이며, 그 파의 발생이나 검출에는 그림 8.7과 같이 빗형 전극이라 불리는 파장의 1/2 간격으로 늘어놓은 전극이 사용된다. 전압의 인가로 재료 표면에 변형이 생겨 파가 전해진다. 초음파 센서로서 단체로 사용되는 일이 적고, 표면파를 이용한 회로 소자나 다른 양의 센서로 사용된다.

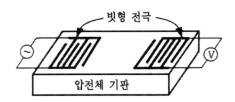

그림 8.7 탄성 표면파의 기본 구조

8.3.5 광파이버 초음파 센서

광파이버 초음파 센서는 새로운 초음파 검출 방법의 하나로서 음압에 의해 광파이버가 압축되어 광파이버의 재료인 석영 유리 내부에 굴절률 변화가 생기는 광탄성 효과를 이용한다. 굴절률이 변화하면 내부로 전해지는 빛의 속도가 변화하기 때문에 이것을 광간섭계의 원리로 검출한다. 광파이버 센서는 초음파를 검출만 할 뿐이며 초음파를 발생하지는 않는다.

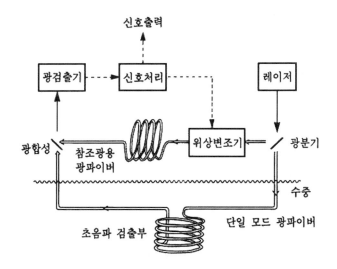

그림 8.8 광파이버 초음파 센서의 원리

8.4 ▶ 초음파에 관한 용어

1) 지향 특성

주파수가 높고 진동 면적이 클수록 지향성이 첨예해지고, 음파를 효율적으로 발생시킬 수 있다. 실용화되어 있는 센서부의 지향성은 음압 반감각이 8~30° 정도이다. 센서혼의 형상 진동자의 진동 모드 등에 의해서도 지향 특성이 크게 좌우되므로, 원하는 동작 영역에 따라 센서부의 형상, 사용 주파수, 진동자의 종류 등이 결정된다.

2) 반사와 투과

초음파는 일정한 매질 내에서는 직진하다가 다른 매질과의 경제면에서는 반사, 투과 현상이 발생하는데, 이 현상은 매질의 종류나 형상에 따라 좌우된다. 공기 중이나 인체 등에는 충분한 반사 현상에 의해서 검출이 용이하다.

3) 송신파와 수신파

송신파는 발진측에 진동자를 접속하여 일정한 방향으로 초음파를 발사하는 것을 말하는데, 통상 진동자에 가해지는 전압이나 음압으로 표시한다. 수신파는 송신된 초음파를 직접 또는 물체에서의 반사파를 진동자의 위치에서 받은 파로서 통상 변환된 전압 또는 음압으로 표시한다.

4) 잔향

진동자에 공진 주파수에 가까운 전기 신호를 펄스적으로 인가하면 전기 신호가 없어진 후에도 초음파 진동이 단시간 계속되는 현상을 말한다.

연습문제

1. 초음파의 응용 분야에 관하여 설명하시오.

2. 초음파의 성질에 관하여 설명하시오.

3. 지향성 및 잔향 현상에 관하여 설명하시오.

4. 초음파 센서의 응용을 예를 들어 설명하시오.

5. 압전 효과와 역압전 효과에 관하여 설명하시오.

CHAPTER 09 습도 센서

9.1 습 도

습도란 대기 중에 존재하는 수증기의 양 또는 비율을 표시하는 지표로서, 습도의 표시 방법은 용도에 따라 몇 종류가 있는데 보통 절대습도와 상대습도를 많이 사용한다.

절대습도(H)는 1m^3의 대기 중에 포함되는 수증기의 중량으로 g/m^3로 나타낸다. 절대습도는 온도 $t\,(\text{℃})$, 수증기압 e, 표준대기압 P_0로 나타낼 수 있다.

$$H = \frac{804}{1+0.00366t} \cdot \frac{e}{P_0} \tag{9.1}$$

상대습도(RH)는 대기 중의 수증기 분압 e와 같은 온도, 같은 대기압에서의 포화 수증기압 P_s를 사용하여 나타낼 수 있다.

$$RH = e/P_s \times 100 = H/H_s \times 100 \tag{9.2}$$

식 (9.1), (9.2)에서 절대습도(H)와 상대습도(RH)의 관계는 다음과 같다.

$$H = \frac{RH}{100} \times \frac{804}{1+0.00366t} \times \frac{P_s}{P_0} \tag{9.3}$$

포화 수증기압 P_s는 온도의 함수로 나타낼 수 있으며, 온도와 절대습도 또는 상대습도 중의 하나를 이미 알고 있다면 다른 쪽을 산출할 수 있다.

9.2 습도 센서의 개요

습도 센서는 공공안전용, 의료용, 농업용, 공업용 등의 광범위한 분야에서 응용되고 있는 화학 센서 중의 하나이다. 이와 같이 다양한 응용 분야에 대응하기 위해서 여러 가지 습도 센서가 개발되고 있으며, 이 중 건구와 습구의 온도차로 습도를 측정하는 건습구 습도계와 모발 길이의 변화로 측정하는 모발 습도계는 오래 전부터 사용되어 왔다. 이들 출력은 전기적 신호가 아닌 물리적 양의 변화를 이용한 것으로, 전자기기의 구성 부품으로 이용되기에는 적합하지 않다. 현재는 시스템화로 습도를 전기 신호로 검지할 필요가 있으며, 임피던스나 전기 용량 등 전기적 양의 변화를 이용하는 센서가 주로 개발되고 있다.

습도 센서를 방식별로 분류하면 표 9.1과 같다.

표 9.1 습도의 측정방식과 재료

방 식	기본 현상	재 료
전기 저항식	프로톤 전도형 벌크 저항체	세라믹스, 무기박막, 고분자막, LiCl
전기 용량식	물에 의한 겉보기의 유전율 증가	세라믹스, 무기박막, 고분자막
기전방식	농담 전지	$SrCeO_4$계 세라믹스
서미스터	열방산의 온도 의존성	산화물 반도체 세라믹스
이슬점식	염의 포화 증기압	LiCl

9.3 습도 센서의 종류

9.3.1 전기 저항식 습도 센서

1) 프로톤 전도형 습도 센서

친수성의 고체 표면에는 실온에서 공기 중의 물분자가 흡착하여 물의 층을 형성하며, 고체 표면에 흡착한 물분자는 고체 표면과 화학 반응하여 표면 염기를 형성한다. 이 염기는 안정되고 상온에서 이탈하는 일이 없다. 염기 위에 흡착한 제1층의 물분자도 OH기의 회전에 의한 H^+의 호핑 전도이며, 제2층 이상에서는 전도가 H_3O^+에 의해서 물분자의 흡착량과 함께 전기 전도도가 증대한다. 제2층 이상의 물분자의 흡착열은 수 kcal/mol 정도이기 때문에 상온에서 쉽게 흡착 및 이탈이 가능하다. 이와 같이 약한 결합 상태의 물분자를 물리 흡착수라 한다. H_3O^+에 의한 전기 전도도는 주로 물리 흡착한 수층의 두께에 의해 정해지며, 물리 흡착수의 양은 상대습도에 의존하기 때문에 전기 전도도의 측정에 의해 상대습도를 알 수 있다.

이와 같은 센서에는 비교적 전기 저항이 높은 다공질 세라믹스, 이온성 고분자 재료 등이 사용된다. 그림 9.1에 $ZnCr_2O_4$-$LiZnVO_4$계 세라믹을 사용한 습도 센서의 대표적인 특성을 나타내었다.

프로톤 전도형 센서는 상온에서 사용되지만 장기간의 사용에 의해 저항값이 변동한다. 이 원인은 아직 규명되지는 않았으나 공기 중의 먼지, 기름 미스트의 부착, 미량 가스의 흡착, 흡착수의 구조 변화 등을 생각할 수 있다.

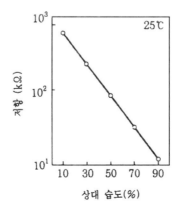

그림 9.1 세라믹 습도 센서의 특성

2) 벌크 저항 변화 습도 센서

알칼리 금속의 염은 물분자의 흡착·흡입에 의해 표면 및 벌크의 전기 전도도를 증가하며, 염화리튬(LiCl₂)은 상대습도의 변화에 따라 흡습하고, 리튬 이온 전도에 의한 전기 저항이 변화한다. 이 성질을 이용하여 염화리튬 수용액을 유리직물, 식물의 고갱이 등에 함침하여 건조시키고 백금 전극을 설치한 것이 사용되고 있다.

9.3.2 전기 용량식 습도 센서

물의 비유전율은 커서 상온에서 약 80을 나타내는데, 고분자 재료나 세라믹스의 비유전율은 4~10 정도이다. 이 때문에 다공질의 고분자나 세라믹 재료를 유전체로 해서 커패시터를 구성하면 유전체가 흡습함에 따라 겉보기의 용량이 증가한다. 실제로 다공질 재료에서는 미소한 연통 구멍이 가로 세로로 혼재하여 그 내면에 물을 흡착한다. 교류를 인가하고 이 커패시터의 겉보기 용량을 측정하면 상대습도에 따른 출력을 얻을 수 있다. 흡착수의 층은 프로톤 전도성을 가지며 다공질 재료에도 교류 임피던스가 존재하기 때문에, 전기적으로 커패시터와 저항이 직병렬로 접속한 회로망을 구성한다. 교류에 대한 등가회로는 용량과 저항을 사용한 등가회로로 나타난다. 용량형 습도 센서의 측정에는 100kHz 이상의 교류가 사용되며 용량 변화를 효율적으로 검출한다.

9.3.3 농담 전지형 습도 센서

프로톤 전도성의 고체 전해질 세라믹스를 격벽으로 하고 그림 9.2와 같은 측정 셀을 구성하면, 격벽 양측의 수증기 압력 P_1, P_2 및 산소 분압 P_0^1, P_0^2에 따른 네른스트 기전력 ΔE를 일으킨다.

$$\Delta E = RT/2F \cdot [\ln (P_1/P_2) \cdot (P_0^1/P_0^2)^{1/2}] \tag{9.4}$$

    R : 기체 상수
    T : 온도(K)
    F : 패러데이 상수

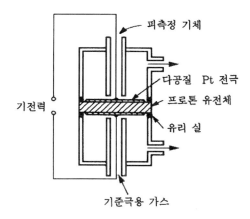

피측정 기체
다공질 Pt 전극
프로톤 유전체
유리 실
기전력
기준극용 가스

그림 9.2 농담 전지형 습도 센서의 단면도

P_0^1, P_0^2의 비가 일정하고, P_1 또는 P_2의 한쪽이 기준극으로서 일정한 수증기 분압이면 기전력은 다른 쪽 수증기 분압의 로그에 비례한 출력을 나타낸다.

9.3.4 서미스터를 이용한 절대 습도 센서

히터에서 대기로 방출하는 열은 대기의 습도에 의존하여 변화한다. 미소한 서미스터에 통전하여 자체 발열시키면 대기 중의 습도에 따라 열방산이 변화하기 때문에 서미스터의 온도도 습도에 의존한다. 이 성질을 이용하여 서미스터의 전기 저항 변화에서 습도를 측정할 수 있다. 그림 9.3에 나타낸 바와 같이 두 개의 서미스터를 사용하여 한쪽은 연통 구멍을 통해서 대기가 유입하는 금속통 내부에, 다른 쪽은 건조 공기를 봉입한 금속통 내부에 부착한 구조를 가진다. 전자는 습도의 변화에 의해 전기 저항이 변화하는 습도 검출용, 후자는 온도 보상용으로 하고, 이 들 두 개와 고정 저항을 사용하여 브리지를 구성하여 차동 출력에서 습도를 측정한다. 이 센서는 0~200℃까지의 절대습도 측정이 가능하다.

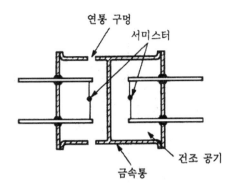

그림 9.3 서미스터식 습도 센서의 구성

9.3.5 염화리튬 이슬점계

금속 기체(基體)를 염화리튬 수용액을 함침한 유리솜으로 피복하여 건조하고, 그 위에 전극으로서 백금선을 평행으로 감은 구조를 가진다. 염화리튬 포화 수용액은 동일 온도의 물보다도 수증기압이 낮기 때문에 실온에서 흡습한다. 양 전극 사이에 교류 전압을 인가하면 전류가 흘러 발열시키면 발열에 의해 염화리튬 중의 물이 증발하고 전도성이 없어지기 때문에 전류가 차단되어 소자는 냉각한다. 냉각에 의해 다시 염화리튬이 흡습하여 전도성을 가진다. 이 과정을 반복하여 대기의 수증기압과 염화리튬의 수증기압이 같아지는 소자 온도에 근접하는데 이 온도에서 물과 염화리튬의 포화 수증기 곡선을 사용하여 대기의 노점이 얻어진다. 노점을 t_d, 그것에 대응하는 포화 수증기압을 $e_s(t_d)$, 피측정 분위기의 포화 수증기압을 P_s로 하면 상대습도 RH는

$$RH = e_s(t_d)/P_s(t) \times 100 \tag{9.5}$$

와 같이 나타낼 수 있다.

연습문제

1. 절대습도와 상대습도를 비교하여 설명하시오.

2. 불쾌지수에 관하여 설명하시오.

3. 각종 습도계의 장점과 결점을 설명하시오.

4. 습도-주파수 변환 회로에 관하여 설명하시오.

5. 계산에 의한 통풍 건습구 습도를 구하는 방법에 관하여 설명하시오.

CHAPTER 10 가스 센서

10.1 가스 센서의 개요

시각에 대한 광센서, 청각에 대한 압력 센서, 촉각에 대한 압력 센서나 온도 센서 등은 비교적 개발이 진척된 분야이지만 후각, 미각 등에 대한 가스 센서나 맛 센서는 일부를 제외하고는 개발 도중에 있다.

가스 센서는 기체 중에 혼재되어 있는 특정의 기체를 검지해서 그것을 적당한 전기 신호로 변환하는 디바이스의 총칭이다. 우리의 생활환경에는 각종의 위험한 기체가 많이 혼재하고 있다. 예를 들면, 대기 중의 탄산가스 농도가 증가하면 두통이 생겨 행동력이 둔해지며, 일산화탄소의 경우에는 중독 증상이 나타나거나 죽음에 이를 때도 있다. 이러한 중독사고 외에 일반가정에서 널리 사용되고 있는 프로판가스나 도시가스 등 가연성 가스의 누설로 폭발과 같은 사고가 일어날 위험성도 있다.

인간은 위험가스가 존재하면 후각이나 호흡기관에서 냄새나 불쾌감으로 위험을 양지할 수 있는 경우도 있지만, 위험가스의 종류의 판별은 거의 할 수 없고, 그 농도의 정량은 불가능하다. 따라서 가스의 종류나 농도 등의 정보를 고성능으로 양지할 수 있는 가스 센서를 사용하면 위험가스에 의한 사고를 미연에 방지할 수 있다.

가스 센서는 보일러나 자동차 엔진 등의 여노 후의 배기가스 성분을 검지하는 데 사용되고, 연소 제어가 가능하여 에너지 절약면에서도 중요한 역할을 한다.

10.2 가스 센서의 종류와 특징

위험한 가스의 종류는 대단히 많고 이것들이 발생하는 상황도 다양하다. 그래서 이들 모든 가스를 검지할 수 있는 우수한 가스 검출 방식은 아직도 발견되지 않았다. 가스 센서의 검지 대상이 되는 가스는 H_2나 CH_4와 같은 가연성 가스나 CO, NO_x, H_2S, NH_3, SO_2 등 유독 가스 외에 환경제어를 위한 습도, 연기, 알코올 및 악취를 발생해서 불쾌감을 주는 가스, 에너지 절약을 위한 연소나 엔진 등의 연소 제어에 필요한 산소 등 다양하다.

현재 실용화되고 있거나 연구 대상이 되고 있는 각종 가스 센서에 사용하고 있는 재료를 분류하면 표 10.1과 같다. 표 10.1에 나타낸 세라믹스는 종래의 도자기 등과 같은 세라믹스 개념과는 다르고, 입자 지름이나 조성을 제어한 고순도의 모재에 적당량의 다른 종류의 성분을 첨가한 다결정질의 소성체이다.

표 10.1 가스 센서의 종류

재 료	이용하는 성질	가스와의 상호작용	변화량	명 칭
세라믹스	반도체 전해질 다공질 촉매담체 흡착제	전자의 교환 이온의 이동 접촉 연소 해리 흡착	전기 전도도 기전력 온도 표면 이온 전도	반도체 가스 센서 고체 전해질 센서 접촉 연소식 센서 세라믹스 습도 센서
단결정	반도체 저항형 다이오드형 트랜지스터형	전자의 교환 일함수 표면준위	전기 전도도 전류-전압 특성 용량-전압 특성	반도체 화학 센서
유기 화합물	반도체 전해질 흡습성	전자의 교환 이온 반응 팽윤	전기 전도도 전기 전도도 용량 변화 전기 전도도	유기 반도체 가스 센서 고분자 전해질 가스 센서 습도 센서
액체	전해질	이온 반응	전기 전도도	전기화학식 가스 센서

가스 센서에서 사용되는 세라믹스는 물리적, 전기적 기능 및 화학적 기능이 주로 이용되는

데, 전자는 반도체 및 전해질의 성질을 가진 재료, 후자는 촉매나 담체의 성질을 가진 재료이다.

반도체 성질을 가진 세라믹스를 사용한 가스 센서는 세라믹스 표면에서 일어나는 각종 가스의 흡착 및 탈리에 의한 세라믹스의 전기 전도도의 변화를 이용하고 있다. 이 방식의 센서를 반도체 가스 센서라고 한다.

전해질 성질을 가진 세라믹스를 사용한 가스 센서는 농담 전지의 원리를 이용하고 있다. 상대하는 두 개의 면을 평행으로 연마한 세라믹스의 양면에 가스의 농도 차이가 있을 때 세라믹스 내를 이온이 이동하여 기전력이 발생한다. 세라믹스 한쪽 면의 가스 농도를 알고 있으면 이 기전력을 이용해서 다른 쪽 면의 가스 농도를 검지할 수 있다. 이 방식의 센서를 고체 전해질 센서라고 하며 주로 O_2 센서가 이용된다.

촉매의 담체로서 이용되는 다공질 세라믹스를 사용한 가스 센서에는 가스의 반응을 이용한 것이 있다. 다공질 세라믹스의 표면에 각종 촉매를 분산시킨 세라믹스 담체가 고온으로 유지된 상태에서 가연성 가스와 접촉하면 가스는 연소해서 세라믹스의 온도가 상승한다. 따라서 세라믹스 내에 금속선을 묻어두면 세라믹스의 온도 상승 때문에 금속선의 저항값이 변화한다. 이 변화를 이용해서 가스 농도를 검지하는 방식의 센서를 접촉 연소식 센서라고 한다.

유기 화합물을 사용한 센서는 반도체, 전해질 및 흡습성 등의 성질을 이용한 것이다. 유기 반도체를 사용한 센서는 가스 흡착에 의해 일어나는 전기 전도도의 변화를 이용한 것으로 NO_x, SO_2 등을 검지할 수 있다. 이 밖에 액체를 사용해서 가스와 전해액의 반응으로 일어나는 전기분해를 이용한 전기 화학식 가스도 있으며, 가스 흡착으로 생기는 중량 변화를 이용한 센서나 센서 자체의 물리적 성질, 즉

① 가스 중을 전파하는 음파는 가스 농도에 비례한다.

② 가스 중의 열전도도는 가스 성분 및 농도에 비례한다.

등을 이용한 센서도 있다.

각종 방식의 가스 센서가 실용화되기 위해서는 센서의 특성이 다음의 요건을 충족시켜야 한다.

① 검지 감도가 높고 농도의 정밀도가 높아야 한다.

② 검지하려는 가스만을 선택적으로 검지하고, 공존 가스에 의한 방해나 영향을 받지 않아야 한다.

③ 응답 속도가 빠르고 반복 측정을 할 수 있어야 한다.

④ 분위기, 습도, 온도 등의 변화에 영향을 받지 않고 경시적으로 안정된 감도를 나타내어야 한다.

10.3 반도체식 가스 센서

반도체식 가스 센서에는 전기 저항식과 비전기 저항식이 있다. 전기 저항식은 반도체 전기 저항이 기체 성분과 그 표면과의 접촉에 의해 변하는 원리를 이용한 것으로, 재료로는 SnO_2나 ZnO를 사용하고, 산화물 반도체 소자는 표면부에서 전자의 수수에 의해서 저항 변화를 일으키며, Fe_2O_3, CoO, TiO_2 등의 환원성 가스와 접촉할 때에는 벌크까지 변화를 일으킨다. 비저항식은 다이오드나 MOSFET형의 기체 감지 소자로 용량-전압, 전류-전압 특성을 이용한 것이다.

그림 10.1은 반도체 가스 센서의 구조를 나타낸 것으로, (a), (b), (c), (e)는 전기 저항식 가스 센서, (d), (f)는 비 전기 저항식 가스 센서이다.

1) 전기 저항식 가스 센서

기체 성분이 반도체 표면에 흡착하여 화학 변화로 전기 저항이 변화하는 것으로, 가연성 가스를 감지하는 소자로서 흡착력이 강한 NO_2 등의 산화성 가스 감지에 사용된다.

재료는 SnO_2나 ZnO 등과 같이 환원이 어려운 물질에 미량의 귀금속을 첨가하여 감도를 높이고 선택성 부여가 쉽다.

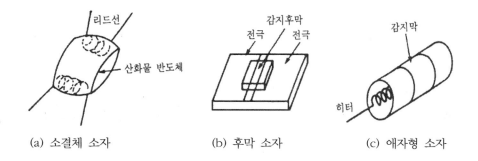

(a) 소결체 소자   (b) 후막 소자   (c) 애자형 소자

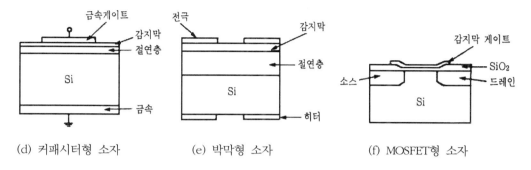

(d) 커패시터형 소자　　(e) 박막형 소자　　(f) MOSFET형 소자

그림 10.1 반도체 가스 센서의 구조

2) 비전기 저항식 가스 센서

그림 10.2는 비전기 저항식 가스 센서의 구조로, 트랜지스터의 문턱전압값의 변화, 다이오드의 전압-전류 특성, 정전 용량-전압 특성 변화를 이용한 것이다. 금속 산화물 반도체의 소결체와 연결막 또는 박막 등의 감응부와 히터 및 방폭용 네트로 구성된 구조로, 고온으로 유지된 반도체에 가스가 닿으면 반도체 및 가스의 종류에 따라 전기 전도도가 변화하는 성질을 이용한다.

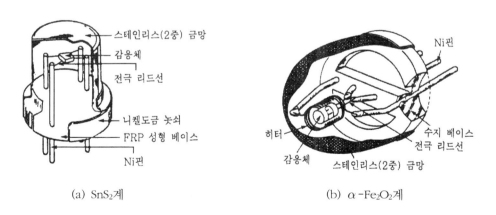

(a) SnS₂계　　　　　　　　　(b) α-Fe₂O₂계

그림 10.2 비전기 저항식 가스 센서의 구조

3) MOS형 다이오드 가스 센서

그림 10.3은 MOS형 다이오드 가스 센서의 구조를 나타낸 것으로, 상부의 전극이 가스에 의해 활성화되는 Pd 박막을 사용하고, 감가스부는 SiO_2막이 매우 얇다. 역방향 전류가 H_2와 O_2에서 매우 크므로 가스 흡착에 의해 Pd의 일함수가 변한다.

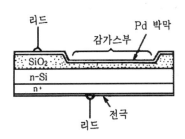

그림 10.3 MOS형 다이오드 가스 센서의 구조

4) MOSFET 가스 센서

MOSFET 가스 센서는 FET의 S~D 사이의 저항 변화를 이용한 것으로서, 그림 10.4는 MOSFET 가스 센서의 구조를 나타낸 것이다.

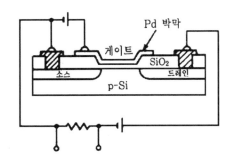

그림 10.4 MOSFET 가스 센서의 구조

반도체식 가스 센서의 특징은 다음과 같다.

① 폭발 한계보다 상당히 낮은 농도에서 포화한다.

② 출력이 크므로 검지 경보 회로는 간단하게 된다.

③ ZnO계에서는 활성 촉매의 종류대로 대상 가스를 어느 정도 선택할 수 있으며, SnO₂계에서는 동작 온도의 변경으로 대상 가스를 어느 정도 선택할 수 있다.

④ 온도, 습도의 영향을 받아 열화하기 쉽고 온도에 의해서 열화하는 경향이 강하다.

⑤ 특성의 편차가 크고, 재현성이 나쁘다.

⑥ 안정성도 약간 나쁘고, 신뢰도는 낮다.

10.4 접촉 연소식 가스 센서

접촉 연소식 가스 센서는 가연성 가스의 검지에 사용되는 것으로, 검지 가스가 연소하는 열이 소자의 온도를 높임으로써 생기는 발열선의 변화를 이용한 소자이다. 이 발열선은 백금선으로 산화에 의해 촉매 활성을 갖는 귀금속을 분산시킨 알루미나 담체로 피복시켜 소결합하여 제조한다. 그림 10.5와 같이 백금선에 전류를 흘려 200~400℃로 유지하고, 그 주위에 가연성 가스가 접촉할 때 생기는 연소 반응열이 소자의 온도를 상승시키며, 보상소자를 이용하여 브리지를 구성하고, 검지측 소자의 저항값 증가를 브리지 출력의 전압 증가로 검출한다.

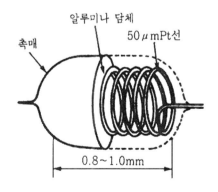

그림 10.5 접촉 연소식 가스 센서의 구조

접촉 연소식 가스 센서의 특징은 다음과 같다.

① 가연성 가스에만 감응한다.

② 출력은 직선적이다.

③ 온도, 습도에 대해서 안정하다.

④ 초기 안정이 빠르고, 재현성도 좋다.

⑤ 촉매는 수명 한계가 있다.

⑥ 촉매 중에는 수분으로 급하게 열화하는 것이 있다.

⑦ 폭발 상환계 이상 농도의 가스에서는 연소하지 않기 때문에 출력이 감소한다.

10.5 고체 전해질식 가스 센서

고체 전해질 가스 센서는, 고체 상태의 절연체 중에는 높은 온도에서 이온의 이동에 따른 도전성을 보이는 것으로, 이온 전도체 또는 고체 전해질이라 한다. 그림 10.6과 같이 응답 특성의 안정화를 위해 지르코니아(YSZ) 전해질을 사용하고, 600~900℃ 온도 범위에서 안정화한다. 산소 분압이 높은 쪽이 양극, 낮은 쪽이 음극이다.

• 양극 : P_{O_2}''는 $O_2 + 4e_2^- \rightleftarrows 2O^{2-}$

• 음극 : P_{O_2}'는 $2O_2^- \rightleftarrows O_2 + 4e^-$

P_{O_2}'와 P_{O_2}'' 간의 차에 의한 기전력은

$$E(\text{mV}) = \frac{RT}{4F} \ln \frac{P_{O_2}''}{P_{O_2}'} \tag{10.1}$$

R : 기체 상수
T : 절대 온도
F : 패러데이 상수

지르코니아 센서는 산소, 용융 금속 중의 산소, 연소 가스 측정에 이용되며, CO, SO_2, 환경 측정 등에 응용되고 있다.

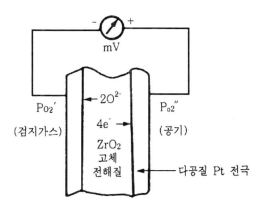

그림 10.6 고체 전해질식 가스 센서

전기 화학식 가스 센서

전기 화학식 가스 센서는 검지 가스를 전기 화학적으로 산화 또는 환원하여 외부 회로에 흐르는 전류를 측정하는 장치로서, 전해질 용액 중에 용해 또는 이온화한 가스상의 이온이 이온 전극에 작용하는 기전력을 이용한 것이다.

1) 정전위 전해질 가스 센서

전극과 전해질 용액의 계면을 일정한 전위로 유지하면서 전해를 행한다.

표 10.2 가스의 산화, 환원 전위

가스명	반응식	산화, 환원 전위
CO	$CO + H_2O \rightleftharpoons CO_2 + 2H^+ + 2e^-$	$-0.12V$
SnO_2	$SnO_2 + 2H_2O \rightleftharpoons SO_4^{-2} + 4H^+ + 2e^-$	$+0.17V$
NO_2	$NO_2 + H_2O \rightleftharpoons NO_3 + 2H^+ + 2e^-$	$+0.80V$
NO	$NO + H_2O \rightleftharpoons NO_2 + 2H^+ + 2e^-$	$+1.02V$
O_2	$O_2 + 4H + 4e^- \rightleftharpoons 2H_2O$	$+1.23V$

전해에 의한 전류와 가스농도식은 식 (10.2)와 같다.

$$I = \frac{n \cdot F \cdot A \cdot D \cdot c}{d}$$ (10.2)

I : 전해 전류

n : 가스 1mol당 발생하는 전자의 수

F : 패러데이 상수[96,500C/mol]

A : 가스 확산면의 크기[cm^2]

D : 확산계수[cm^2/s]

d : 확산층의 두께

c : 전해질 용액 중에서 전해하는 가스의 농도[mol/ml]

정전위 전해식 가스 센서의 구조는 그림 10.7과 같다.

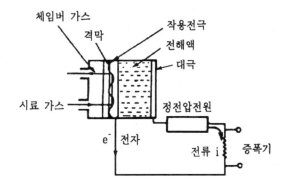

그림 10.7 정전위 전해식 가스 센서의 구조

2) 갈바니 전지식 가스 센서

갈바니 전지식 가스 센서는 검지 대상 가스의 전해에 흐르는 전류로부터 가스 농도를 측정하는 것으로, 주로 산소의 검지에 이용되어 왔으며, 산소 결핍, 독성 가스나 가열성 가스의 검지에도 활용된다.

그림 10.8은 갈바니 전지식 가스 센서의 구조를 나타낸 것으로, 플라스틱 용기의 한 면에 두께 10~30μm의 테플론막 등 산소 가스의 투과성이 좋은 막을 부착하고, 내측에 음극(Pt, Au, Ag 등), 부착되지 않는 내면 및 용기의 공간에 양극(Pb, Cd 등)을 형성한다. 산소 가스

농도 측정, 포스핀(PH$_3$), 알신(AsH$_3$), 다이보렌(B$_2$H$_6$), 실렌(SiH$_4$) 등 유독 가스의 농도를 수십 ppb 수준으로 검지 정량에 사용한다.

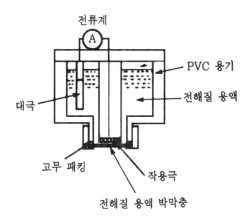

그림 10.8 갈바니 전지식 가스 센서의 구조

연습문제

1. 1차 오염가스와 2차 오염가스에 관하여 설명하시오.

2. 가스 검출 방법에 관하여 설명하시오.

3. 가스 센서를 이용한 응용 분야에 관하여 설명하시오.

4. 가스 센서 설치 장소의 환경 조건에 관하여 쓰시오.

5. 반도체식 가스 센서, 접촉 연소식 가스 센서, 고체 전해질식 가스 센서의 특징을 비교하여 설명하시오.

11 바이오 센서

11.1 바이오 센서의 원리

바이오 센서는 생체관련 물질을 이용해서 화학물질을 계측하는 화학 센서의 일종이다. 이용되는 생체관련 물질에 의해서 효소 센서, 미생물 센서, 면역 센서, 세포소기관 센서, 조직 센서 등으로 크게 분류된다(그림 11.1 참조).

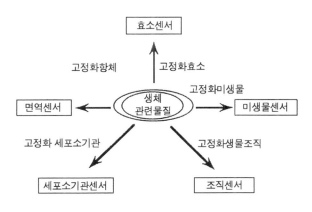

그림 11.1 바이오 센서의 종류

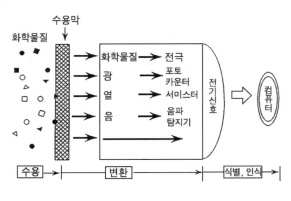

그림 11.2 바이오 센서의 원리

바이오 센서는 원리적으로는 이 생체관련 물질을 고정화시켜서 전기화학 장치와 조합시킨 것이다. 그림 11.2에 표시되어 있는 바와 같이 막을 이용해서 일단 측정하여야 할 화학물질의 농도를 열, 광, 음과 산소농도 등으로 변환한다. 이것을 전극과 서미스터 등을 이용해서 전기신호로 변하는 것에 의해서, 역으로 원래 화학물질의 농도를 예측한다. 다시 말하면 바이오 센서시스템은 특이한 반응을 일으키는 막과 전기신호로 변환하는 트랜스듀서 및 기록장치 또는 컴퓨터로 형성되어지고 있다.

변환기로서는 전극을 이용하는 것이 많다. 이 경우, 전기신호에 변환하는 방법은 전위적정과 전류적정으로 크게 구별된다. 전위적정은 막에서 생성된 이온의 농도를 이온의 선택성전위의 막전위 변화로서 처리하여 나타내는 방법이다. 전극으로서는 수소이온에 응답하는 전극과 이산화탄소전극 등이 있다. 전류적정은 막에서 발생된 이온 등이 전극과 반응된 결과에 의해서 흐르는 전류를 측정하는 방법으로 산소전극과 과산화수소전극 등이 이용된다.

바이오 센서는 생체내의 반응을 이용하고 있다. 그것은 생체 내 반응의 다양성이 선택적으로 특이하기 때문이다.

효소는 화학반응을 도와주는 촉매이며, 어떤 특정의 물질에만 효소가 결합하고, 결합과 분리 등의 물질의 구조 변화를 일어나기 쉽다. 그렇지만 예를 들면 호흡 등에서 보면 생체는 산소를 교묘하게 이용해서 서서히 조용하게 연소를 진행시킨다. 호흡은 본질적으로 산소를 이산화탄소로 변화시켜서 에너지를 얻는 연소반응이다.

신경섬유를 이용한 정보전달 할 때에도 세포 간을 결합하는 시냅스부에서의 전달물질에 대하여 특이한 수용단백질이 존재한다. 예를 들면 미각의 경우에 미세포에서 노르에피네프린 물질이 방출된다. 이 물질은 신경세포의 막에서 어떤 특정의 단백질로 수용되어서 막전위의 탈분극을 발생시킨다.

신경은 체중에 선로를 구석구석까지 길게 늘어놓아서 정보를 전달하는데, 호르몬은 혈관에서 체중에 흩어놓아서 정보를 전달한다.

큰 실험 때나 많은 사람 앞에서 말할 때에 심장이 두근두근하게 되는데, 저것은 아드레날린의 호르몬이 혈액 중에 방출되고, '지금부터 전쟁을 합시다'라는 신호가 보내지고 있다. 혈액에서 방출된 호르몬은 그것을 수용하는 특정 단백질과 결합하고, 혈액을 체중에 많이 보내는 반응을 생긴다. 신경은 외부에서의 정보를 뇌에 전달하고, 그렇게 해서 뇌와 관절에서의 운동지령에서의 정보가 전달된다. 실시간적 또한 국소적 요소가 강한 운동을 한다. 이에 대하여 호르몬은 체중전체에 서서히 하는 조절자의 제어에 관계를 하고 있다.

홍역과 유행성 감기는 한번 걸리면 이제 걸리지 않는가? 또 걸려서도 두 번은 진행되지 않는다. 이것을 면역이라고 말하며, 이것은 병의 원인을 만드는 항원에 대항해서 항체가 되기 때문이다. 항체는 특정의 항원만을 인식해서 결합하고 항원의 동작을 쓸모없게 할 것이다. 항원에는 바이러스가 많은데 바이러스는 자기 자신에 의해서 유전정보를 증식시키는 것은 되지 않는다. 따라서 다른 세포의 중심에 투입해서 그 세포의 도움을 빌려서 자신의 자식을 증가시키게 된다. 그 결과 침략된 세포 그래서 몸은 정상적인 상태로 되지 않는다. 병으로 진행된다. T4 세균 분해바이러스는 그림 11.3에 표시한 바와 같이 6개의 다리로 꽉 세포 표면에 길게 붙어 있고 중앙의 봉을 세포에 때려 들어가고, 그것을 사용해서 내부에 유전자를 보낸다.

항체는 4개의 폴리펩티드 사슬이 대칭으로 되어 있고, Y자형에 합하여진 형태로 되어 있다(그림 11.3). Y자의 2본의 손 부분이 여기의 항원에 결합된 영역이다. 항체의 유전자는 몇 개의 도메인(분절)으로 나누어진다.

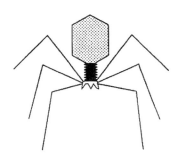

그림 11.3 T4 세균 분해 바이러스

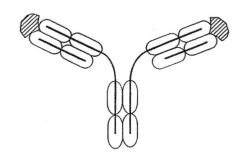

그림 11.4 항원과 항체의 결합

예를 들면 무한종이라고 말하는 항원에 대해서 복소 개의 유전자분절을 조합시켜 대응한 모양으로 되어 있다. 사람의 경우, 유전자 분절은 약 500개도 있으므로 확대된 수의 조합이 가능하고, 그와 같은 무수의 항체가 각각의 항원에 조합시켜서 배제되는 메커니즘으로 되어 있다.

면역센서는 이 항체가 항원을 인식하는 반응을 이용해서 체내의 항체 또는 항체의 농도를 측정하는 센서이다.

11.2 효소 센서

효소를 이용해서 여러 가지의 화학물질을 선택적으로 고정도로 측정할 목적으로 구성한 것이 효소 센서이다. 가정 내에서도 간단히 소변검사를 할 수 있는 시험지가 시판되고 있다. 이것은 예를 들면 글루코오스(포도당)를 산화시키는 효소를 종이에 침투시켜서 그것과 소변 중의 글루코오스와 반응의 결과 생기는 반응 생성물을 황화칼륨 등에서 다시 정량화하는 목적에서 제작된 것이다.

최초에 효소 센서의 원리를 발표한 것은 클라크(Clark 1962년)로서 효소를 포함한 막을 혈액 중에 넣고, 이 반응에서 소비하는 효소를 효소전극으로 측정하는 것에서 글루코오스 농도가 간접적으로 측정하는 것을 제안하였다. 클라크형 효소전극은 양극, 음극, 전해액 및 음극에 밀착된 산소투과성 고분자막으로 구성되고 있다. 용액중의 O_2는 고분자막을 투과하고, 음극표면에 이르러 전기화학적으로 환원된다. 따라서 흐르는 전류를 측정하는 것에서 산소 농도를 알 수 있다.

그 후 1966년에 업다이크(Updike)와 힉스(Hicks)는 글루코오스를 산화하는 효소인 글루코오스 산화효소를 막에 고정시켜서 산소농도를 전극으로 측정하는 글루코오스 센서를 제작하였다. 산소 농도를 측정하는 것에서 소비된 산소량을 알 수 있고, 과산화수소를 발생시킨다.

$$클루코오스 + O_2 \rightarrow gluconic\ lactone + H_2O_2$$

이 반응에서 생성되는 과산화수소를 측정하는 것에서 글루코오스 양을 평가하는 센서를 만들어지고 있다. 같은 원리로 설탕과 갈락토오스 등의 당류를 측정하는 센서도 있다(표 11.1 참조). 그림 11.5에 글루코오스의 구조를 나타내었다. 막에 함유된 효소는 주로 미생물에서 유출 정제된다. 효소를 막에 고정화하는 방법은 그림 11.6에 나타낸 바와 같이 화학적 방법과 물리적 방법으로 크게 구별된다.

표 11.1 바이오 센서의 성능

대상	효소	고정화법	전기화학 디바이스	안정성	반응 시간	측정범위 (mg/l)
글루코오스	글루코오스 산화효소	공유결합법	산소전극	100	1/6	$1 \sim 5 \times 10^2$
L-티록신	티록신 카록복시 이탈효소	흡착법	탄산가스전극	20	$1 \sim 2$	$10 \sim 10^4$
요소	요소분해효소	가교화법	암모니아이온전극	60	$1 \sim 2$	$10 \sim 10^3$
콜레스테롤	콜레스테롤 분해효소	공유결합법	백금전극	30	3	$10 \sim 5 \times 10^3$
페니실린	페리실린나제	포활법	pH전극	$7 \sim 14$	$0.5 \sim 2$	$10 \sim 10^3$

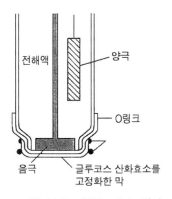

그림 11.5 글루코오스 센서

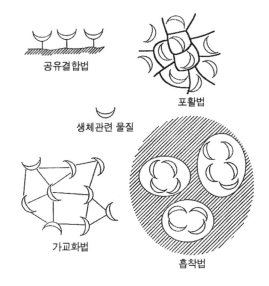

그림 11.6 생체 관련 물질의 고정화법

화학적 방법 중에는 공유결합법은 고분자와 유리 등의 담체에 효소를 공유결합 시키는 방법이다. 또 가교화법은 효소 분자 간에 공유결합을 도입하고 불용성 막에 형성하는 방법이다. 물리적 방법에는 포활법과 흡착법이 있다. 포활법에는 콜라겐과 폴리비닐 알코올 등의 고분자 매트릭스에 효소를 방법이다. 흡착법은 이온교환막과 다공성의 셀룰로오스 등에 효소를 흡착시키는 방법이다. 효소의 탈착을 방자하기 위해서는 표면에 반투막을 붙이는 것이 보통이다.

글루코오스센서는 당뇨병의 진단에 일찍부터 사용되고 있다. 일본에는 당뇨병환자가 약 200만 명 정도가 있기 때문에 혈당치를 측정하는 센서가 매우 요구되고 있다. 일단 유당의 구성성분의 갈락토오스를 측정하는 센서도 있고, 음식성분용에 사용되고 있다.

알코올을 계측하는 것은 음식제조프로세스와 의료분야에서 광범위하게 요구되고 있다. 알코올센서는 알코올 산화효소를 이용해서 반응결과 생성되는 과산화수소를 측정하는 것에서 가능하다. 알코올 산화효소는 알코올을 알데히드와 과산화수소로 변한다. 그렇지만 이 효소는 에틸알코올, 메틸알코올, 노말 프로판 등도 산화됨으로 특정의 알코올에 선택성이 있는 것이 가리지지 않는다.

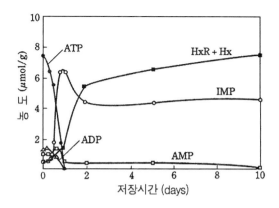

그림 11.7 어육내의 핵산화합물의 농도변화

생체 내에서도 같은 모양의 반응이 일어나고 있다. 술을 마시면 생체 내에서는 에틸알코올의 10%는 그대로 오줌으로 되어 나온다. 나머지 90%는 위와 장에서 흡수되고 그 중 90%는 간장에서, 10%가 신장으로 간다. 간장 내에는 효소가 알코올을 아세트알데히드로 변한다.

그 외 유기산 센서, 아미노산 센서, 요소센서, 지질센서 등이 만들어지고 있다. 조작의 간편성이 소량의 시료 분석에 적합함으로 의료계측 등에 상당히 이용되고 있다. 이것의 응용으로는 IMP, HxR 그리고 Hx을 측정하는 3종류의 센서를 이용해서 어류 고기의 신선도를 평가하는 센서가 실용화 되고 있다. 그림 11.7은 어류 고기의 핵산화합물의 농도 변화를 표시하고 있다. 저장시간과 함께 HxR과 Hx의 혼합이 증대하고 있다는 것을 알 수 있다. 그래서 다음 식 K_1를 선도지수로 제안되고 있다(여기서 [ ]는 농도).

$$K_1 = \frac{([HxR] + [Hx]) \times 100}{[IMP] + [HxR] + [Hx]} \tag{11.1}$$

이와 같은 복수 종류의 특이한 센서를 맞추면 필요한 정보를 얻는 방법은 센서의 인텔리전트화의 하나의 방향이다.

11.3 미생물 센서

미생물 센서는 미생물이 가지고 있는 호흡기능과 대사기능을 이용해서 화학물질을 선택적으로 측정할 수 있는 센서로서 발효 등의 공업프로세스와 환경계측에 사용하고 있다.

미생물 센서는 호흡 측정형과 전극 활물질 측정용으로 나누어진다. 전자는 고정화 미생물의 호흡활성의 변화를 전기화학디바이스로 측정한 것이고, 후자는 미생물이 생산되고, 그것이 전극과 쉽게 반응하는 물질을 측정하는 센서이다.

호기성미생물은 산소를 호흡해서 에너지를 생산한다. 그때 소비되는 산소를 산소전극을 이용해서 측정하면 호흡활성을 알 수 있다. 산소는 테프론 막을 투과해서 백금전극 상에서 환원된다. 피검출액 중에 호흡활성에서 영향을 주는 물질이 존재하면 산소농도 측정에서 대상의 화학물질 농도가 평가되는 것을 알 수 있다. 그림 11.8에서 나타낸 바와 같이 원리적으로는 효소 센서와 완전히 같다.

이 미생물 균을 콜라겐 막중에 고정화된 검출액 중에 넣으면 글루코오스를 먹는 것에서 호흡활성이 높게 됨으로 전극에서 확산되는 효소의 양이 감소한다. 이 호흡활성의 변화를 전극으로 측정하면 얻어지는 전류치과 글루코오스 농도와의 사이에는 직선관계를 나타냄으로 쉽게 글루코오스 농도를 평가된다.

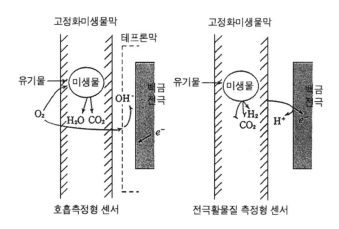

그림 11.8 미생물 센서의 원리

　BOD는 수중의 유기물 혼입량의 지표이고, 수질의 오염도를 평가하는데 사용되고 있다. 수중의 오염물은 미생물에 의해서 분해된다. 그때 산소를 소비하는 것에서 산소를 측정하면 오염 정도를 알 수 있다. 효모의 토리코스보론 쿠타니움을 셀룰로오스 막에 흡착 고정화시키고, 산소전극에 장착하는 것에서 센서가 제작된다. 획득된 전류는 폐수의 BOD값에 비례한다. 이 방법에서 종래의 5일 동안 측정되는 것이 30분으로 가능하다.

11.4 집적형 바이오 센서

　바이오 센서의 막에서 생성된 이온 농도는 이전에는 여러 가지 전극을 사용해서 전기신호로 변환시키는데, 최근에는 전극의 대용으로 이온 감응형 반도체, 다시 말하면 이온 감응성 전계효과트랜지스터(ISFET)를 사용해서 센서를 소형화시킬 수 있다.

　ISFET는 1970년 Bergveld에 의해서 제안되었다. Gate전극 대신에 절연층을 붙이면 그 표면을 전해액으로 만든 것으로, 용액 중의 이온농도에서 드레인 전류가 변화하는 사실을 이용해서 이온농도를 측정한다.

　FET는 게이트부의 미약한 전압변화로 소스와 드레인 사이에 흐르는 드레인 전류를 제어시킬 수 있다. 따라서 미소한 이온농도의 변화가 증폭시켜서 전류의 크기를 변화시킬 수 있다.

1) 전기이중층

　SiO_2 절연층 부근의 용액 중에는 전기이중층이 형성되고, 이온 농도에서 계면전위가 변화한다. 전기이중층에는 하전된 표면에 수용액 중의 이온이 서로 당기는 결과 생긴 전위분포이다. 그림 11.9에서 나타낸 전위분포 $V(x)$는 예를 들면 Na^+ 이온과 Cl^- 이온이 존재하는 수용액에서 다음 식이 도입된다.

$$\frac{d^2 V}{dx^2} = -\frac{n}{\epsilon}\left[\exp\left(-\frac{eV}{k_B T}\right) - \exp\left(\frac{eV}{k_B T}\right)\right] \tag{11.2}$$

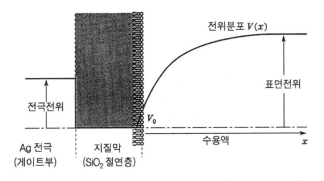

그림 11.9 지질막과 수용액계면의 전위

이 식은 포이슨-벤자민 방정식이라고 하며, n는 NaCl농도, ϵ는 수용액의 유전율, k_B는 볼츠만정수, $-e$는 전자의 전하량이다. 그림 10.9에서는 생체계를 의식해서 지질막과 수용액의 계면을 그릴 수 있다. ISFET에서는 지질막을 SiO₂ 절연층으로 치환해서 생각하는 것이 좋다. 경계조건으로

$$x = 0 \text{ 에서 } V = V_0 (<0)$$

$$x = \infty \text{에서 } V = 0, \quad \frac{dV}{dx} = 0 \tag{11.3}$$

을 적용하면 식 (11.2)는 쉽게 해석이 되는데, 다음 식을 구할 수 있다.

$$e^{\phi/2} = \frac{(e^{\phi_0/2}+1)+(e^{\phi_0/2}-1)e^{-x/\lambda}}{(e^{\phi_0/2}+1)-(e^{\phi_0/2}-1)e^{-x/\lambda}} \tag{11.4}$$

단,

$$\phi = \frac{eV}{k_BT}, \quad \phi_0 = \frac{eV_0}{k_BT}, \quad \lambda = \sqrt{\frac{\epsilon k_B T}{2ne^2}} \tag{11.5}$$

식 (11.4)를 그림 11.9에 실선으로 그려진다. 식 (11.3)의 V_0을 표면전위(또 계면전위)라고 한다.

막의 표면전하밀도 σ는

$$\sigma = -\epsilon \left(\frac{dV}{dx}\right)\Big|_{x=0} \tag{11.6}$$

로 주어지므로 식 (11.2)를 1회 적분해서

$$\sigma = \sqrt{8n\epsilon k_B T} \sin h\left(\frac{eV_0}{2k_B T}\right) \tag{11.7}$$

을 얻는다. 단 $\sin hy = (e^y - e^{-y})/2$이다. 식 (11.7)을 Gouy-Chapman식이라고 한다. 표면전하밀도 σ와 V_0의 관계를 나타낸 식이다.

식 (11.4)은 표면전위 ϕ_0가 적을 때는 $e^y \simeq 1 + y$와 전개 근사적이면 간단한 표식

$$V = V_0 e^{-x/\lambda} \tag{11.8}$$

을 얻을 수 있다. 이 식에서 아는 바와 같이 λ는 전위가 변화하는 거리이다. 식 (11.5)에서 NaCl 농도 1, 10, 100mM에서 λ는 각각 약 10, 3, 1nm이다. 같은 모양에서 식 (11.7)은

$$\sigma = \sqrt{\frac{8n\epsilon e^2}{k_B T}} \, V_0 = \frac{2\epsilon V_0}{\lambda} \tag{11.9}$$

으로 된다.

수용액 중의 Na^+ 이온 농도분포 ρ_+와 Cl^- 이온농도분포 ρ_-는 각각 $ne^2 xp\phi$와 $ne^2 xp(-\phi)$가 주어지므로 현재는 $\phi < 0$인 것을 고려하면 표면의 가까운 근방에 있는 Na^+ 이온이 모이고, Cl^- 이온은 멀어지게 된다. 이것은 경계조건으로 해서 식 (11.3), 즉 표면전위 $V_0 < 0$으로 된다. $V_0 < 0$는 식 (11.9)에서 아는 바와 같이 부($-$)의 표면전하밀도를 의미한다. 요컨대 막이 부전하를 띠기 때문에 표면전위가 부($-$)로 되고, 양이온인 Na^+가 표면에 모이게 된다. 그 결과 표면전위의 영향은 미치지 않게 되고, 차폐거리 λ에서 감쇄한다(이것을 정전차폐라고 한다).

이와 같은 수용액 중에는 전하를 가지고 있는 막의 표면 근방에 이온분포를 가지는 전기이중층이 생기게 되는데, 맛물질의 수용에서는 이 전위분포가 결정적으로 중요한 역할을 한다. 세포를 포함하고 있는 막을 가진 생체막은 일반적으로 부($-$)전하를 띠게 된다.

2) 바이오 센서의 집적화

최근, 감도와 안정성을 증가시키기 위해서는 질화실리콘(Si_3N_4)층을 절연층으로 한 수소이온 감응형 센서가 개발되었다. 그렇지만 이 ISFET는 수소이온에 대한 선택성이 낮고, Na^+ 이온 등에도 응답이 가능하게 되어 최근에는 Ta_2O_5를 감응막으로 한 ISFET가 개발되었다.

이와 같이 특정의 이온에 응답하는 트랜지스터인 ISFET의 게이트부에 적당한 효소 고정화막을 붙이면 반응에서 고정화막에서 방출되는 이온을 검출함으로 목적의 화학물질의 농도가 측정된다. 이것을 효소 FET(ENFET)라고 하며, 트랜지스터는 크기가 수십 μm로 적어 센서의 소형화가 되며, 여러 가지 센서를 집적화시키는 것이 된다. 체내에 들어서 건강관리를 하는 것이 미래에는 가능할 것이다.

1980년, Caras와 Janata는 초기에 페리실린 농도를 측정한 FET를 발표하였다. 반응은 다음 식으로 주어진다.

$$페리실린 + H_2O \quad \rightarrow \quad 페니시론산 \tag{11.10}$$

이 반응을 페리시리나제(페리실린분해효소)가 촉매로 된다. 막에서 페리시리나제를 고정화하고 그것을 피검출액으로 만들고 반응에서 수소이온이 발생한다. 생긴 pH변화가 수소이온 감수성의 FET에서 측정된다. 전위의 기준이 되는 참조전극도 FET를 이용해서 효소 FET와 합해서 한 개의 실리콘 기판 상에 집적화시켰다.

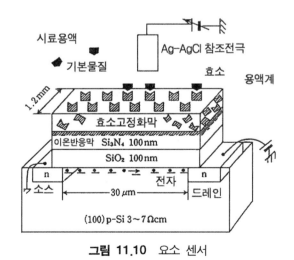

그림 11.10 요소 센서

요소를 측정하는 센서는 위의 원리에 기초를 두고 있다. 효소로서 우레아젠(요소분해효소)을 이용하면 요소는 아래 식과 같이 분해된다.

$$요소 + 2H_2O + H^+ \rightarrow 2NH_4^+ + HCO_3^-$$ (11.11)

이 식에서 아는 바와 같이 2개의 NH_4^+이온이 발생하여 pH가 상승한다. 따라서 pH의 변화를 ISFET에 얻는 것이 좋다. 그림 11.10에 그 개념도를 나타내었다.

실제로 센서를 제작하는 데에는 여러 가지 기술상의 노하우가 필요하다. 예를 들면 막과 게이트를 부착시키는 기술 등이 여기에 속한다. 이 경우는 막을 게이트에 벗어나지 않도록 하기 위해서는 시란 처리를 한다. 시란이란 수소화규소의 총칭이다. ISFET의 게이트 표면는 질화규소로 되어있으며, 이것을 γ-APTES약품으로 처리한다. Si_3N_4의 표면에는 γ-APTES의 에톡실기가 결합하고 아미노기가 표면에 노출된다. 거기에는 요소분해효소 고정화막의 아미노기를 글루타르알데히드로 결합시키고, 막은 벗겨지지 않는다.

요소FET는 5×10^{-5}g/ml에서 1×10^{-2}g/ml의 범위에서 이용한다. 출력전압을 그림 11.11에서 나타낸 바와 같이 수 mV에서 약 50mV까지 대강 직선적으로 변화한다. 며칠 동안 반복해서 사용해도 가능하여 1일 1회의 사용으로 약 1개월 사이에는 양호한 응답을 얻을 수 있다. 정상인의 혈액 중 요소 농도는 $1 \sim 2 \times 10^{-4}$g/ml이므로 요소FET는 충분히 실용성을 가지고 있다.

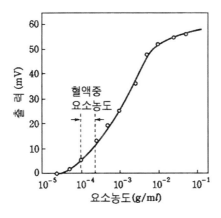

그림 11.11 요소 센서의 출력

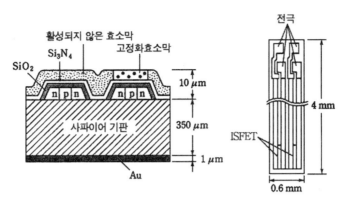

그림 11.12 원 칩 바이오 센서

그림 11.12는 한 개의 주파수상에 1대의 ISFET와 의사참조전극으로 해서 금 전극을 실제 장치한 원 칩 바이오 센서이다. 일반적으로 금 전극은 수용액 중에는 불안정하고, 신뢰할 수 있는 전압을 얻을 수 없다. 그렇지만 일 대의 ISFET 내 한쪽(A)에 요소분해효소가 고정화시키고, 다른 쪽에는 효소활성이 없는 막을 붙이고 있다. 그 때문에 2개의 FET의 출력차를 놓는 지점을 기준으로 하여 금 전극이 생기는 전위를 캔슬이다. 전위측정 그대로가 상대측정이다. 이 방법은 차동형 상대측정이다. 요소분해효소 고정화막에서 탄소분해에 의해서 생기는 pH변화는 FET에 얻고, 용액중의 pH는 FET(B)에서 검출한다. 사파이어 기판는 FET와 금 전극을 전기적으로 절연시키기 위하여 설치되었다.

또, 효소막도 포토그래픽기술에서 제작되고, IC프로세스가 최대한도에서 생겨지고 있다.

그림 11.13은 4종류의 아미노산(L-리신, L-글로타민산, L-아르기닌, L-히스티딘)을 계측하는 집적형 아미노산센서이다. 아미노산의 계측은 의료방면과 식품의 품질관리분야에서 아주 많이 사용되고, 이 센서는 각 아미노산을 선택적으로 잘 응답한다. 집적형 센서는 바이어 센서의 개발방향의 하나이며, 금후에 다양한 발전이 기대된다.

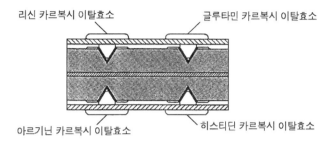

리신 카르복시 이탈효소   글루타민 카르복시 이탈효소

아르기닌 카르복시 이탈효소   히스티딘 카르복시 이탈효소

그림 11.13   4종류의 아미노산을 측정하는 집적형 센서

연습문제

1. 항원과 항체에 관하여 설명하시오.

2. 생체관련 물질의 고정화법에 관하여 설명하시오.

3. 원칩 바이오센서에 관하여 설명하시오.

4. 바이오센서의 활용분야에 관하여 설명하시오.

센서실험장치
AT-1830

AT-1830
장비 소개

AT-1830 장비 소개

1 AT-1830 장비 소개

1 장비 소개

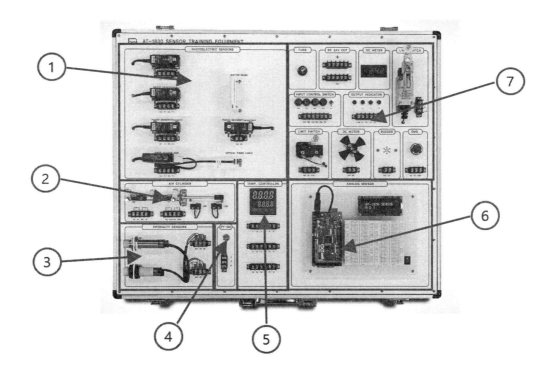

① 포토 센서(Photo Sensor)
- 다양한 유형의 포토센서가 부착되어 있습니다. 포토센서는 3선식이며, 광화이버 센서는 4선식 센서로 구성되어 있다.

- 센서의 결선은 갈(24V), 청(0V), 흑(신호 출력, SG), 백(출력 컨트롤, Ctrl)으로 구성 되며 센서 하단 단자대에 연결되어 있다.

주의사항 결선시 흑(신호 출력, SG) 단자대에 전원(24V) 결선시 센서 고장의 원인이 된다.

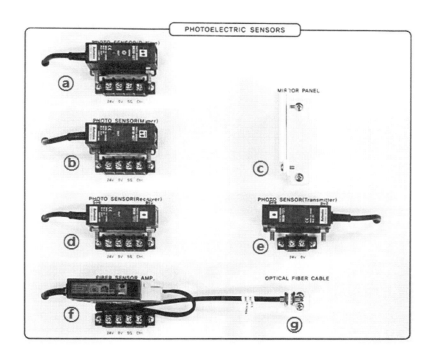

ⓐ 직접반사형 포토센서(NPN Type)
  - 단자대 결선 : 24V, 0V, SG
  - 실습장치의 DC 2V OUT 단자대에서 DC 전원(DC24V, -0V)을 결선하고 SG 단자는 출력부 LAMP, MOTOR, BUZZER쪽 신호선에 결선한다.
ⓑ 미러반사형 포토센서(NPN Type)
  - 단자대 결선 : 24V, 0V, SG
ⓒ 미러판
ⓓ 투과형 포토센서(투광기) (NPN Type)
  - 단자대 결선 : 24V, 0V, SG
ⓔ 투과형 포토센서(수광기)
  - 단자대 결선 : 24V, 0V

- 수광부는 실습장치의 DC 2V OUT 단자대에서 DC 전원(+DC24V, −0V)만 결선하면 된다.

ⓕ 광화이버 센서(앰프) (NPN Type)
- 단자대 결선 : 24V, 0V, SG, Ctrl
- 기본 배선은 포토센서와 동일하며, Ctrl 선을 24V에 결선하면 Dark ON 상태로 동작되며, 0V에 결선하면 Light ON 상태로 동작된다.

ⓖ 광화이버 케이블

② 에어 실린더(Air CYLINDER)
- 공압을 이용하여 전·후진 운동을 하는 실린더이다. 리드스위치 부착형태이며 실린더의 위치에 따라 리드스위치를 이용하여 신호를 감지할 수 있고, 실린더 로드를 이용하여 마이크로 리미트 스위치로도 신호를 감지할 수 있다.

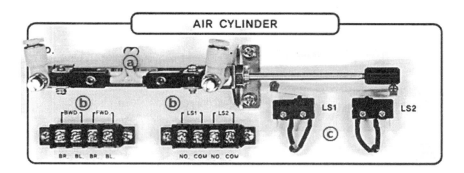

ⓐ 복동실린더
ⓑ 자기리드스위치
- 단자대 결선 : BWD(실린더 후진), FWD(실린더 전진)
ⓒ 마이크로 리미트 스위치
- 단자대 결선 : LS1(실린더 후진), LS2(실린더 전진)

③ 근접 센서(PROXIMITY SENSORS)
- 근접센서를 브라켓에 부착하고, 실제 결선을 하여 사용한다. 별다른 언급이 없을 경우 명판에 인쇄된 명칭에 따르며 갈색(24V), 청색(0V), 흑색(SG)단자에 연결하여 사용한다. 결선시 너무 무리한 힘을 가하지 않도록 하며 단락이 되지 않도록 주의한다.

SECTION 2

센서 응용
실습

실습 01　스위치를 이용한 램프 제어 실습 1

1 실습 목적

- 스위치를 이용하여 간단한 제어를 할 수 있다.
- 스위치의 종류에 따라 부하의 동작이 달라지는 것을 확인할 수 있다.

2 동작 조건

- 푸쉬버튼 스위치를 누르는 동안만 램프가 점등된다.
- 토글스위치를 ON상태로 두면 램프가 점등된다.

3 결선도

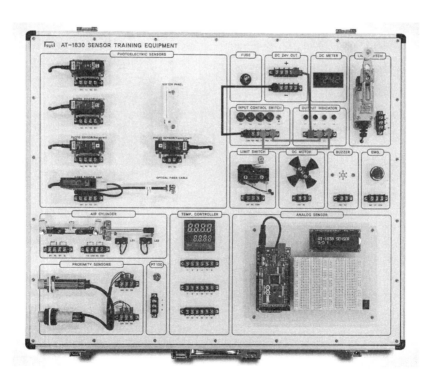

4 실습 내용

- 입력 스위치와 출력 램프를 결선도와 같이 결선한다.
- 램프모듈의 COM단자는 +COM으로 내부 결선되어 있다. 사용시 24V+를 인가하여야만 동작한다.
- 실습장치의 전원스위치를 ON시킨다.
- 스위치 입력을 통한 램프 출력을 확인한다.
- 푸쉬버튼 스위치와 토글스위치를 동작시켰을 때 출력 램프의 동작형태에 차이가 있다.
- 실습결과를 바탕으로 결과값을 아래 표에 서술하시오.

실습	DC MOTOR 동작상태	
	푸쉬버튼 스위치	토글스위치
스위치 종류		
	차이점 :	

주의사항 모든 실습시 실습 예제에 따른 결선이 완전히 이루어진 후 다시 한 번 결선 상태를 확인하고 이상이 없을시 실습장치 전원을 ON시키고 실습을 진행한다.
센서의 경우 제어신호(SG) DP 전원이 인가될 시 센서 고장의 주요 원인이 되므로 반드시 전원을 OFF한 상태에서 결선을 실시한다.

실습 02   스위치를 이용한 모터 제어 실습

1 실습 목적

- 스위치를 이용하여 간단한 제어를 할 수 있다.
- 스위치의 종류에 따라 달라지는 동작형태를 확인할 수 있다.

2 동작 조건

- 푸쉬버튼 스위치를 누르는 동안만 모터가 동작한다.
- 토글스위치를 ON상태로 두면 모터가 동작한다.

3 결선도

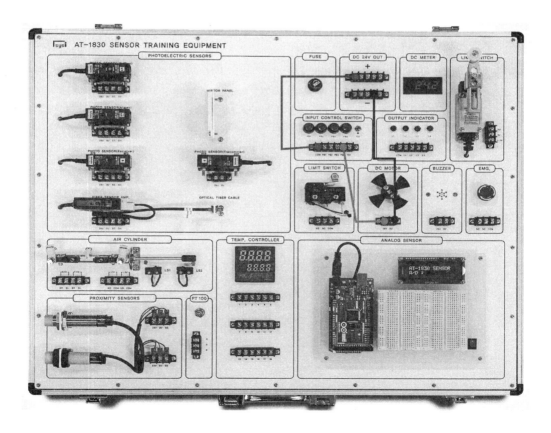

4 실습 내용

- 입력 스위치와 DC MOTOR을 결선도와 같이 결선한다.
- 모터 결선시 단락에 주의한다.
- 램프는 극성이 정해져 있어 전체 COM이 +24V로 구성되나 DC MOTOR 출력은 출력부에 +24V, −0V 표시가 되어 있다.
- 실습장치의 전원스위치를 ON시킨다.
- 스위치 입력을 통한 DC MOTOR을 동작상태를 확인한다.
- 결선도와 같이 결선했을 경우와 극성을 반대(입력 스위치 신호선을 DC MOTOR 0V에 결선, DC MOTOR 24V를 DC 24V OUT −에 결선)로 결선했을 경우 차이점을 확인한다.
- 푸쉬버튼 스위치를 토글스위치로 바꿔서 동작시켰을 때 DC MOTOR의 동작형태에 차이가 있다.
- 실습결과를 바탕으로 결과값을 아래 표에 서술하시오.

실습	DC MOTOR 동작상태	
결선도 극성	정상 결선	극성 교체
스위치 종류	푸쉬버튼 스위치	토글스위치
	차이점 :	

실습 03   스위치를 이용한 부저 제어 실습

1 실습 목적

- 스위치를 이용하여 간단한 제어를 할 수 있다.
- 스위치의 종류에 따라 달라지는 동작형태를 확인할 수 있다.

2 동작 조건

- 푸쉬버튼 스위치를 누르는 동안만 부저가 동작한다.
- 토글스위치를 ON상태로 두면 부저가 동작한다.

3 결선도

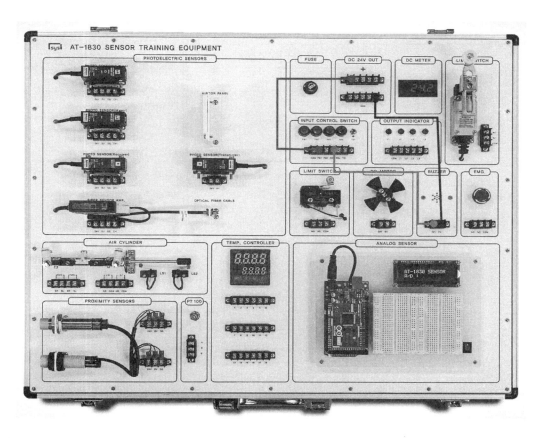

4 실습 내용

- 입력 스위치와 BUZZER를 결선도와 같이 결선한다.
- BUZZER 결선시 단락에 주의한다.
- 램프는 극성이 정해져 있어 전체 COM이 +24V로 구성되나 BUZZER 출력은 출력부에 +24V, −0V 표시가 되어 있다.
- 실습장치의 전원스위치를 ON시킨다.
- 스위치 입력을 통한 BUZZER 동작상태를 확인한다.
- 결선도와 같이 결선했을 경우와 극성을 반대(입력 스위치 신호선을 BUZZER 0V에 결선, BUZZER 24V를 DC 24V OUT −에 결선)로 결선했을 경우 차이점을 확인한다.
- 푸쉬버튼 스위치를 토글스위치로 바꿔서 동작시켰을 때 DC MOTOR의 동작형태에 차이가 있다.
- 실습결과를 바탕으로 결과값을 아래 표에 서술하시오.

실습	BUZZER 동작상태	
결선도 극성	정상 결선	극성 교체
스위치 종류	푸쉬버튼 스위치	토글스위치
	차이점 :	

주의사항 부저는 기계의 고장, 경보 등에 사용되거나 사용자에게 (장비의 목적에 따라) 청각적 자극을 주기위해 주로 사용된다. 단순히 지속적으로 부저가 울릴 경우 사용자의 스트레스를 유발할 수 있으므로, 통상적으로는 지정된 시간 마다 주기를 정해 ON/OFF 제어를 반복하여 실습한다.

실습 04 기동/정지 스위치를 이용한 모터제어

1 실습 목적

- 비상정지 스위치를 사용할 수 있다.
- 스위치의 종류에 따라 달라지는 동작형태를 확인할 수 있다.

2 동작 조건

- 토글스위치를 ON하면 모터가 동작한다.
- 어떠한 시점에 돌발 상황(천재지변, 사고, 모터 파손 등)이 발생했다고 가정하여, 비상정지 스위치를 눌러 모터를 OFF한다.

3 결선도

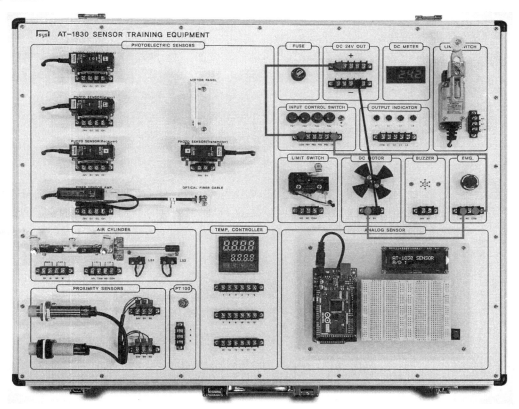

4 실습 내용

- 입력스위치인 토글스위치와 비상정지 스위치, 출력값인 DC MOTOR을 결선도와 같이 결선한다.
- 비상정지 스위치는 B접점으로 구성하여 결선합니다.
- 램프는 극성이 정해져 있어 전체 COM이 +24V로 구성되나 DC MOTOR 출력은 출력부에 +24V, −0V 표시가 되어 있다.
- 실습장치의 전원스위치를 ON시킨다.
- 토글 스위치 입력을 통한 DC MOTOR을 동작상태를 확인한다.
- 비상 상황 발생시 비상정지 스위치를 ON시키면 DC MOTOR 동작상태를 확인한다.
- 결선도와 같이 결선(B 접점)했을 경우와 극성을 반대 A접점(비상정지 스위치 신호선 NC에서 NO로 교체하여 결선)으로 결선했을 경우 차이점을 확인한다.
- 실습결과를 바탕으로 결과값을 아래 표에 서술하시오.

실습	DC MOTOR 동작상태	
	A 접점	B 접점
결선도 극성		
	비상정지 스위치를 B접점으로 결선 하는 이유 (3가지 이상) 1. 2. 3.	

| 실습 05 | 리밋스위치를 이용한 제어 |

1 실습 목적

- 리밋스위치의 구조와 동작형태를 알 수 있다.
- 스위치의 종류에 따라 달라지는 동작형태를 확인할 수 있다.

2 동작 조건

- 리밋스위치1을 누르면 모터가 동작한다.
- 모터 동작 중 리밋스위치1을 원래 위치로 놓거나, 리밋스위치2를 우측/좌측으로 레버를 돌리면 모터가 정지한다.

3 결선도

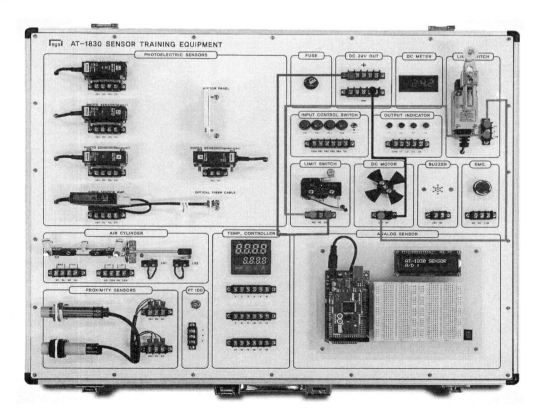

4 실습 내용

- 리밋스위치 2개와 DC MOTOR을 결선도와 같이 결선한다.
- 결선시 단락에 주의합니다.
- 실습장치의 전원스위치를 ON시킨다.
- 리밋스위치 입력을 통한 DC MOTOR을 동작상태를 확인한다.
- 모터 동작 중 리밋스위치1을 원래 위치로 놓거나, 리밋스위치2를 우측/좌측으로 레버를 돌리면 모터가 정지한다.
- 리밋스위치는 기계의 이송 또는 작업범위의 최대치를 표시하기위해 사용된다.
- 기구부의 한 부분이 리밋스위치의 롤러부분을 건드려 접점을 변화시킨다.
- 많은 종류의 리밋스위치가 있으며 통상적으로 레버의 길이를 조절하여 사용한다.
- 리밋스위치 종류 및 산업 현장에서 어떻게 사용되고 있는지를 논하시오.

실습 06 | 확산 반사형 포토센서(NPN) 실습

1 실습 목적

- 확산 반사형 포토센서를 이해하고 사용할 수 있다.
- 반사 거리를 조절하여 원하는 감지거리를 제어할 수 있다.

2 동작 조건

- 확산 반사형 포토센서에 전원(DC24)인가 후 검출 물체가 있을 때 램프 등이 점등된다.

3 결선도

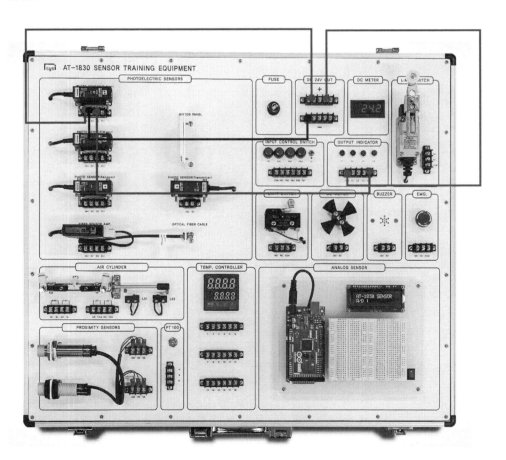

4 실습 내용

- 확산 반사형 포토센서를 결선도와 같이 결선한다.
- 실습장치의 전원스위치를 ON시킨다.
- 검출물체를 접근시켜 센서 검출여부를 램프를 통해 확인한다.
- 센서 검출여부를 아래의 표에 기입한다.

검출물체 재질	검출 여부
연 철	
알루미늄	
구 리	
고 무	
판지, 백색면	
판지, 회색면	
플라스틱(투명)	
플라스틱(백색)	
플라스틱(흑색)	

- 검출물체의 재질에 따른 검출거리를 확인하고 아래의 표에 기입한다.

검출물체 재질	검출 거리
연 철	
알루미늄	
구 리	
고 무	
판지, 백색면	
판지, 회색면	
플라스틱(투명)	
플라스틱(백색)	
플라스틱(흑색)	

- 센서의 검출여부를 모터 및 부저로 바꿔 배선하면서 확인한다.
- 센서의 감도 조절나사를 이용하여 원하는 거리를 제어하여 본다.
- 검출물체의 재질에 따른 검출여부 및 검출거리를 확인하고 포토센서의 특성에 대해 이해한다.

주의사항 결선시는 반드시 실습장치의 전원을 OFF된 상태에서 실습을 진행한다.

실습 07   미러 반사형 포토센서 실습

1 실습 목적

- 미러 반사형 포토센서를 이해하고 사용할 수 있다.

2 동작 조건

- 미러 반사형 포토센서에 전원(DC24V)을 인가 후 검출 물체가 반사판과 포토센서 사이에 들어오게 되면 램프가 점등된다.

3 결선도

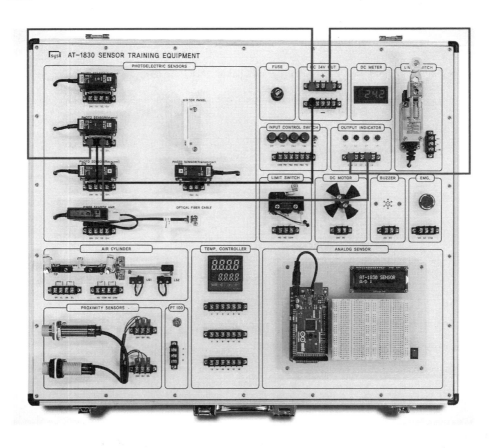

4 실습 내용

- 미러 반사형 포토센서를 결선도와 같이 결선한다.
- 실습장치의 전원스위치를 ON시킨다.
- 검출물체를 접근시켜 센서 검출여부를 램프를 통해 확인한다.
- 센서 검출여부를 아래 표에 기입한다.

검출물체 재질	검출 여부
연 철	
알루미늄	
구 리	
고 무	
판지, 백색면	
판지, 회색면	
플라스틱(투명)	
플라스틱(백색)	
플라스틱(흑색)	

- 검출물체의 재질에 따른 검출거리를 확인하고 아래의 표에 기입한다.

검출물체 재질	검출 거리
연 철	
알루미늄	
구 리	
고 무	
판지, 백색면	
판지, 회색면	
플라스틱(투명)	
플라스틱(백색)	
플라스틱(흑색)	

- 센서의 검출여부를 모터 및 부저로 바꿔 배선하면서 확인한다.
- 검출물체의 재질에 따른 검출여부 및 검출거리를 확인하고 포토센서의 특성에 대해 이해한다.

실습 08　투과형 포토 센서 실습

1 실습 목적

- 투과형 포토 센서를 이해하고 사용할 수 있다.
- 감지거리를 조절하여 원하는 거리를 제어할 수 있다.

2 동작 조건

- 투광기와 수광기 전원(DC24V)을 각각 인가 후 검출 물체가 투광기와 수광기 사이에 들어오게 되면 램프가 점등된다.

3 결선도

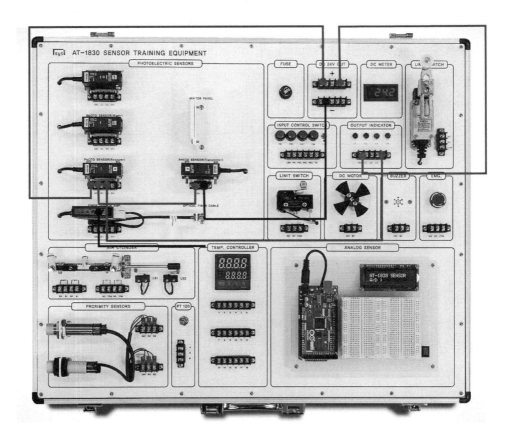

4 실습 내용

- 투과형 반사형 포토센서를 결선도와 같이 결선한다.
- 실습장치의 전원스위치를 ON시킨다.
- 검출물체를 접근시켜 센서 검출여부를 램프를 통해 확인한다.
- 센서 검출여부를 아래 표에 기입한다.

검출물체 재질	검출 여부
연 철	
알루미늄	
구 리	
고 무	
판지, 백색면	
판지, 회색면	
플라스틱(투명)	
플라스틱(백색)	
플라스틱(흑색)	

- 검출물체의 재질에 따른 검출거리를 확인하고 아래의 표에 기입한다.

검출물체 재질	검출 거리
연 철	
알루미늄	
구 리	
고 무	
판지, 백색면	
판지, 회색면	
플라스틱(투명)	
플라스틱(백색)	
플라스틱(흑색)	

- 센서의 검출여부를 모터 및 부저로 바꿔 배선하면서 확인한다.
- 검출물체의 재질에 따른 검출여부 및 검출거리를 확인하고 포토센서의 특성에 대해 이해한다.

실습 09   광 화이버 센서 실습

1 실습 목적

- 광 화이버 센서를 이해하고 사용할 수 있다.
- 앰프의 감도 조절나사를 이용하여 원하는 거리를 제어할 수 있다.

2 동작 조건

- 광 화이버 센서에 전원(DC24V)을 인가 후 검출 물체가 있을 때 램프가 점등되고 없을 때 소등된다.
- 광 화이버 센서에 전원(DC24V), 컨트롤에 −를 결선 후 검출 물체가 있을 때 램프가 점등되고 없을 때 램프가 소등된다.

3 결선도

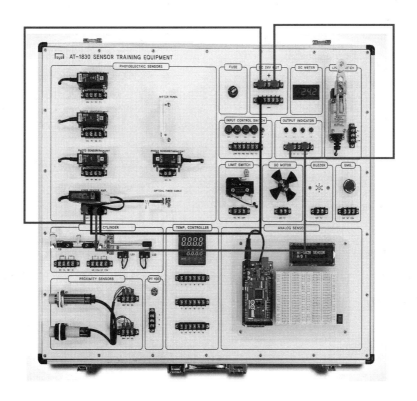

4 실습 내용

- 광 화이버 센서를 결선도와 같이 결선한다.
- 실습장치의 전원스위치를 ON시킨다.
- 검출물체를 접근시켜 센서 검출여부를 램프를 통해 확인한다.
- 센서 검출여부를 아래의 표에 기입한다.

검출물체 재질	검출 여부
연 철	
알루미늄	
구 리	
고 무	
판지, 백색면	
판지, 회색면	
플라스틱(투명)	
플라스틱(백색)	
플라스틱(흑색)	

- 검출물체의 재질에 따른 검출거리를 확인하고 아래의 표에 기입한다.

검출물체 재질	검출 거리
연 철	
알루미늄	
구 리	
고 무	
판지, 백색면	
판지, 회색면	
플라스틱(투명)	
플라스틱(백색)	
플라스틱(흑색)	

- 센서의 검출여부를 모터 및 부저로 바꿔 배선하면서 확인한다.
- 센서의 감도 조절나사를 이용하여 원하는 거리를 제어하여 본다.
- 센서의 컨트롤선의 배선 방법에 따라 출력이 달라진다.
- 아래의 결선도와 같이 컨트롤선을 +에 결선하느냐, -에 결선하느냐에 따라 검출물체의 감지여부에 따라 출력이 달라진다.

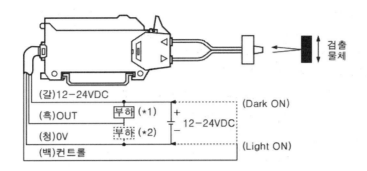

- 컨트롤선 결선 여부에 따른 결과값을 아래의 표에 기입한다.

컨트롤선 결선	LAMP ON	LAMP OFF
결선하지 않을 때		
+ 에 결선		
− 에 결선		

- 검출물체의 재질에 따른 검출여부 및 검출거리, 컨트롤선 결선 여부에 따른 결과값을 확인하고 광 화이버 센서의 특성에 대해 이해한다.

실습 10 복동실린더(리드스위치 사용) 실습

1 실습 목적

- 리드스위치를 이해하고 사용할 수 있다.
- 리드스위치 부착위치에 따라 감지 유·무를 확인할 수 있다.

2 동작 조건

- 실린더를 전·후진 한다.
- 전진과 후진시 램프가 점등되는 것을 확인한다.

3 결선도

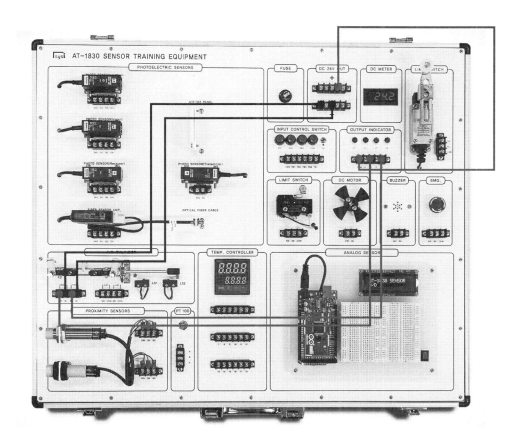

4 실습 내용

- 실린더에 부착된 리드스위치 결선도와 같이 결선한다.
- 실습장치의 전원스위치를 ON시킨다.
- 실린더를 손으로 전·후진시키면서 출력값(램프)이 나오는지 확인한다.
- 출력 여부를 아래의 표에 기입한다.

	출력값(LAMP1)	출력값(LAMP2)
실린더 전진		
실린더 후진		

- 복동실린더를 손으로 중간 위치에 놓고 제공된 자석을 이용하여 실습한다.
- 자석을 리드스위치에 갖다 되면 출력값(램프)이 나오는지 확인한다.
- 자석을 실린더에 부착된 2개의 전, 후면에 부착된 리드스위치에 갖다 대며 실습한다.
- 리드스위치의 내부구조 및 특성에 대해 이해한다.

실습 11 복동실린더(마이크로 스위치 사용) 실습

1 실습 목적

- 마이크로 스위치를 이해하고 사용할 수 있다.

2 동작 조건

- 실린더를 전 · 후진 한다.
- 전진과 후진시 램프가 점등되는 것을 확인한다.

3 결선도

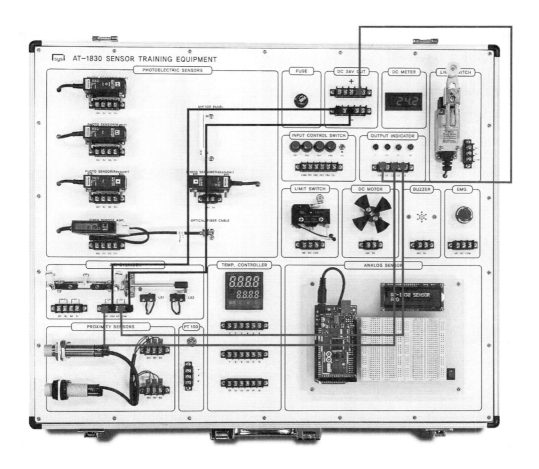

4 실습 내용

- 실린더에 부착된 마이크로 스위치 결선도와 같이 결선한다.
- 실습장치의 전원스위치를 ON시킨다.
- 실린더를 손으로 전, 후진시키면서 출력값(램프)이 나오는지 확인한다.
- 출력 여부를 아래의 표에 기입한다.

	출력값(LAMP1)	출력값(LAMP2)
실린더 전진		
실린더 후진		

- 마이크로 스위치의 내부구조 및 특성에 대해 이해한다.

실습 12   근접 센서(정전용량형) 실습

1 실습 목적

- 근접 센서(정전용량형)를 이해하고 사용할 수 있다.

2 동작 조건

- 근접 센서(정전용량형)에 전원(DC24V)을 인가 후 검출 물체가 위치했을 때 램프가 점등된다.

3 결선도

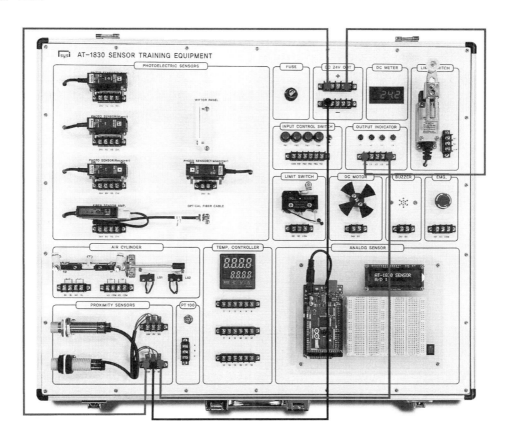

4 실습 내용

- 정전용량형 근접 센서(NPN)를 결선도와 같이 결선한다.
- 실습장치의 전원스위치를 ON시킨다.
- 검출물체를 접근시켜 센서 검출여부를 램프를 통해 확인한다.
- 센서 검출여부를 아래의 표에 기입한다.

검출물체 재질	검출 여부
연 철	
알루미늄	
황 동	
고 무	
판지, 백색면	
판지, 회색면	
플라스틱(투명)	
플라스틱(백색)	
플라스틱(흑색)	

- 검출물체의 재질에 따른 검출거리를 확인하고 아래의 표에 기입한다.

검출물체 재질	검출 거리
연 철	
알루미늄	
황 동	
고 무	
판지, 백색면	
판지, 회색면	
플라스틱(투명)	
플라스틱(백색)	
플라스틱(흑색)	

- 센서의 감도 조절나사를 이용하여 원하는 거리를 제어하여 본다.
- 정전용량형 센서를 PNP로 교체하고 위의 실험을 동일하게 진행하여 본다.
- 출력부 램프는 +COM으로 지정되어 있어 출력을 DC MOTOR로 교체하여 실습한다.
- 검출물체의 재질에 따른 검출여부 및 검출거리, 센서의 형식(NPN TYPE, PNP TYPE) 등을 확인하고 근접(정전용량형) 센서의 특성에 대해 이해한다.

5 평가 문제

근접 센서의 설치 및 배선

직류 3선식 근접 센서의 출력형식에 NPN 출력형과 PNP 출력형 2가지가 있다.

1) 아래의 그림에서 NPN 출력형 센서의 (A)의 올바른 접속점은?

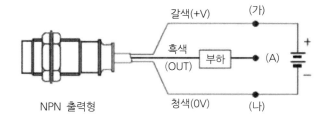

2) 아래의 그림에서 PNP 출력형 센서의 (B)의 올바른 접속점은?

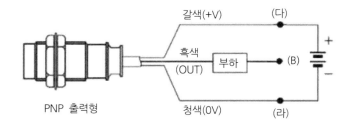

실습 13	근접 센서(고주파발진형) 실습

1 실습 목적

- 근접 센서(고주파발진형)를 이해하고 사용할 수 있다.

2 동작 조건

- 근접 센서(고주파발진형)에 전원(DC24V)을 인가 후 검출 물체가 위치했을 때 램프가 점
  등된다.

3 결선도

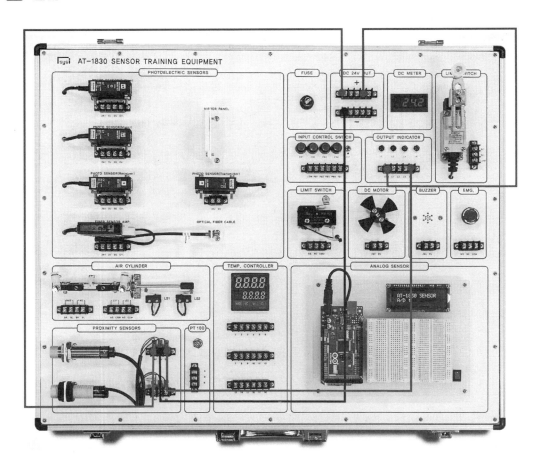

4 실습 내용

- 고주파발진형 근접 센서(NPN)를 결선도와 같이 결선한다.
- 실습장치의 전원스위치를 ON시킨다.
- 검출물체를 접근시켜 센서 검출여부를 램프를 통해 확인한다.
- 센서 검출여부를 아래의 표에 기입한다.

검출물체 재질	검출 여부
연 철	
알루미늄	
황 동	
고 무	
판지, 백색면	
판지, 회색면	
플라스틱(투명)	
플라스틱(백색)	
플라스틱(흑색)	

- 검출물체의 재질에 따른 검출거리를 확인하고 아래의 표에 기입한다.

검출물체 재질	검출 거리
연 철	
알루미늄	
황 동	
고 무	
판지, 백색면	
판지, 회색면	
플라스틱(투명)	
플라스틱(백색)	
플라스틱(흑색)	

- 센서의 검출여부를 모터 및 부저로 바꿔 배선하면서 확인한다.
- 고주파발진형 센서를 PNP로 교체하고 위의 실험을 동일하게 진행하여 본다.
- 출력부 램프는 +COM으로 지정되어 있어 출력을 DC MOTOR로 교체하여 실습한다.
- 검출물체의 재질에 따른 검출여부 및 검출거리, 센서의 형식(NPN TYPE, PNP TYPE) 등을 확인하고 근접(정전용량형) 센서의 특성에 대해 이해한다.

실습 14	근접 센서(정전용량형) 응용 제어실습(1)

1 실습 목적

- 근접 센서(정전용량형)를 이해하고 사용할 수 있다.

2 동작 조건

- 근접 센서(정전용량형)를 AND결선하여 센서 2개가 감지되었을 때 램프가 점등한다.

3 결선도

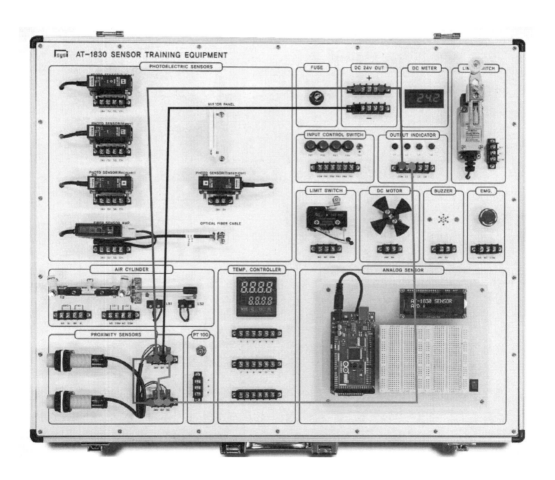

4 실습 내용

- 기존에 부착되어져 있는 고주파발진형 근접센서를 제거하고 정전용량형 근접센서(NPN)가 2개가 되도록 센서를 실습장치에 부착한다.
- 정전용량형 센서(NPN) 2개를 결선도와 같이 결선한다.
- 직렬(AND)접속할 경우 : AND 접속 시 근접센서의 수는 근접센서가 ON이 되었을 때 잔류전압의 합이 근접센서의 동작 전압과 부하 구동 전압에 영향을 미치지 않을 정도까지 접속이 가능하며, NPN 출력형과 PNP 출력형을 혼합해서 접속할 수 없다.

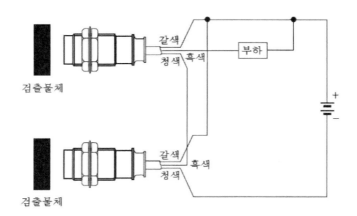

- 실습장치의 전원스위치를 ON시킨다.
- 검출물체를 접근시켜 센서 검출여부를 램프를 통해 확인한다.

실습	램프 동작상태		
	스위치1	스위치2	램프 상태
결선 방법 AND 회로	OFF	OFF	
	ON	OFF	
	OFF	ON	
	ON	ON	

실습 15 근접 센서(정전용량형) 응용 제어실습(2)

1 실습 목적

- 근접 센서(정전용량형)를 이해하고 사용할 수 있다.

2 동작 조건

- 근접 센서(정전용량형)를 OR결선하여 센서 2개 중 1개가 감지되었을 때 램프가 점등한다.

3 결선도

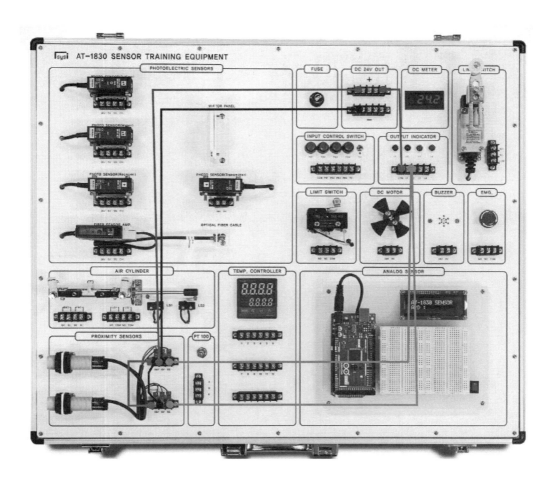

4 실습 내용

- 기존에 부착되어져 있는 고주파발진형 근접센서를 제거하고 정전용량형 근접센서(NPN)가 2개가 되도록 센서를 실습장치에 부착한다.
- 정전용량형 근접센서(NPN) 2개를 결선도와 같이 결선한다.
- 병렬(OR)접속할 경우 : OR 접속 시 근접센서의 수는 결선된 근접센서의 누설 전류 합이 부하 복귀 전류에 영향을 미치지 않는 정도까지 다수를 연결하여 사용할 수 있으며 NPN 출력형과 PNP 출력형을 혼합해서 접속할 수 없다.

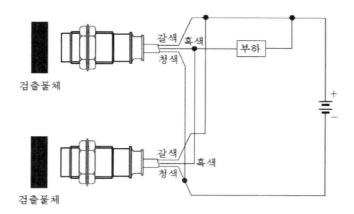

- 실습장치의 전원스위치를 ON시킨다.
- 검출물체를 접근시켜 센서 검출여부를 램프를 통해 확인한다.

실습	램프 동작상태		
	스위치1	스위치2	램프 상태
결선 방법 OR 회로	OFF	OFF	
	ON	OFF	
	OFF	ON	
	ON	ON	

실습 16 근접 센서(고주파발진형) 응용 제어실습(3)

1 실습 목적

- 근접 센서(고주파발진형)를 이해하고 사용할 수 있다.

2 동작 조건

- 근접 센서(고주파발진형)를 AND결선하여 센서 2개 중 2개 모두가 감지되었을 때 램프가 점등한다.

3 결선도

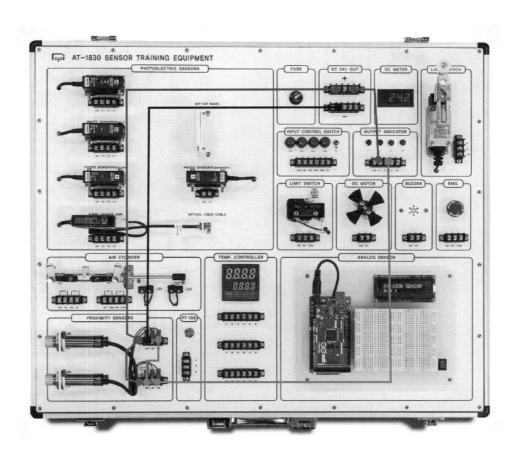

4 실습 내용

- 기존에 부착되어져 있는 정전용량형 근접센서를 제거하고 고주파발진형 근접센서(NPN)가 2개가 되도록 센서를 실습장치에 부착한다.
- 고주파발진형 근접센서(NPN) 2개를 결선도와 같이 직렬(AND)접속 결선한다.
- 직렬(AND)접속할 경우 : AND 접속 시 근접센서의 수는 근접센서가 ON이 되었을 때 잔류전압의 합이 근접센서의 동작 전압과 부하 구동 전압에 영향을 미치지 않을 정도까지 접속이 가능하며, NPN 출력형과 PNP 출력형을 혼합해서 접속할 수 없다.

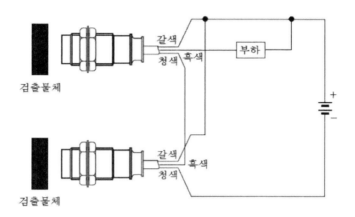

- 실습장치의 전원스위치를 ON시킨다.
- 검출물체를 접근시켜 센서 검출여부를 램프를 통해 확인한다.

실습	램프 동작상태		
	스위치1	스위치2	램프 상태
결선 방법 AND 회로	OFF	OFF	
	ON	OFF	
	OFF	ON	
	ON	ON	

- 정전용량형 근접센서(NPN) 2개를 병렬(OR)접속 결선한다.
- 병렬(OR)접속할 경우 : OR 접속 시 근접센서의 수는 결선된 근접센서의 누설 전류 합이 부하 복귀 전류에 영향을 미치지 않는 정도까지 다수를 연결하여 사용할 수 있으며 NPN 출력형과 PNP 출력형을 혼합해서 접속할 수 없다.

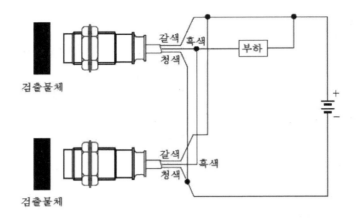

- 실습장치의 전원스위치를 ON시킨다.
- 검출물체를 접근시켜 센서 검출여부를 램프를 통해 확인한다.

실습	램프 동작상태		
	스위치1	스위치2	램프 상태
결선 방법 OR 회로	OFF	OFF	
	ON	OFF	
	OFF	ON	
	ON	ON	

실습 17 온도 센서 실습

1 실습 목적

- 온도 센서와 컨트롤러를 이해하고 사용할 수 있다.

2 관련 지식

입력사양			표시 방법	사용범위(℃)	사용범위(℉)
열전대 (Thermocouple)	K(CA)	1	ʁCRH	-200~1350	-328~2463
		0.1	ʁCRL	-199.9~999.9	-199.9~999.9
	J(IC)	1	JI CH	-200~800	-328~1472
		0.1	JI CL	-199.9~800.0	-199.9~999.9
	E(CR)	1	ECrH	-200~800	-328~1472
		0.1	ECrL	-199.9~800.0	-199.9~999.9
	T(CC)	1	tCCH	-200~400	-328~752
		0.1	tCCL	-199.9~400.0	-199.9~752.0
	B(PR)	1	b Pr	0~1800	32~3272
	R(PR)	1	r Pr	0~1750	32~3182
	S(PR)	1	S Pr	0~1750	32~3182
	N(NN)	1	n nn	-200~1300	-328~2372
	C(TT)[※1]	1	C tt	0~2300	32~4172
	G(TT)[※2]	1	G tt	0~2300	32~4172
	L(IC)	1	LI CH	-200~900	-328~1652
		0.1	LI CL	-199.9~900.0	-199.9~999.9
	U(CC)	1	UCCH	-200~400	-328~752
		0.1	UCCL	-199.9~400.0	-199.9~752,0
	Platinel II	1	PLI I	0~1390	32~2534
측온저항체 (RTD)	Cu 50Ω	0.1	Cu 5	-199.9~200.0	-199.9~392.0
	Cu 100Ω	0.1	CU IO	-199.9~200.0	-199.9~392.0
	JPt 100Ω	1	JPtH	-200~650	-328~1202
		0.1	JPtL	-199.9~650.0	-199.9~999.9
	DPt 50Ω	0.1	dPt5	-199.9~600.0	-199.9~999.9
	DPt 100Ω	1	dPtH	-200~650	-328~1202
		0.1	dPtL	-199.9~650.0	-199.9~999.9
	Nickel 120Ω	1	nI I2	-80~200	-112~392
아날로그 (Analog)	전압	0-10V	Au I	-1999~9999 (소수점 위치에 따라 표시범위가 달라집니다.)	
		0-5V	Au2		
		1-5V	Au3		
		0-100mV	Anu I		
	전류	0-20mA	AnA I		
		4-20mA	AnA2		

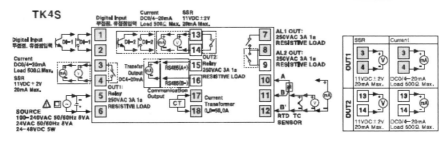

3 동작 조건

- 장비 매뉴얼을 참고하여 입력사양에 따른 표시 방법을 설정해준다.
- 관련 지식에 나와 있는 결선도에 따라서 결선을 한다.
  - ㉠ 5번 단자대에 −를 연결, 6번 단자대에 +를 연결
  - ㉡ 10번 단자대에 PT100 A단자대 연결
  - ㉢ 11번 단자대에 PT100 B단자대 연결
  - ㉣ 12번 단자대에 PT100 B'단자대 연결

4 결선도

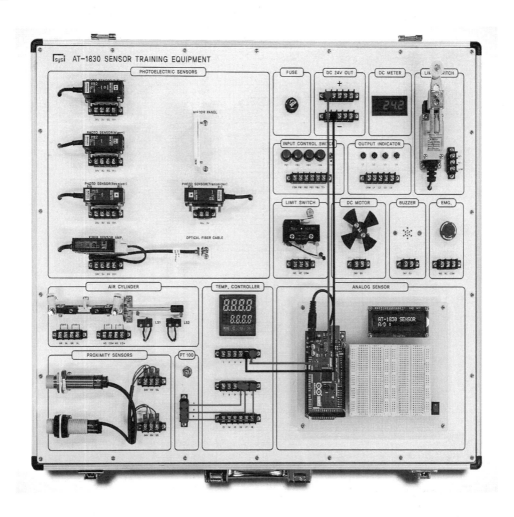

5 실습 내용

- 온도 센서(PT100)를 온도 컨트롤러에 결선도와 같이 결선한다.
- 실습장치의 전원스위치를 ON시킨다.
- 현재의 온도값이 온도 컨트롤러에 나타난다.
- 온도 센서(PT100)를 손으로 감싸면 온도값이 올라가는 것을 확인할 수 있다.
- 온도 센서의 종류와 특징에 대해 알아보고 서술하시오.

실습 18 온도 센서 제어실습

1 실습 목적

- 온도 센서와 컨트롤러를 이해하고 사용할 수 있다.
- 온도 센서를 이용하여 제어를 할 수 있다.

2 관련 지식

입력사양			표시 방법	사용범위(℃)	사용범위(℉)
열전대 (Thermocouple)	K(CA)	1	ᵁᴄᴿᴴ	-200~1350	-328~2463
		0.1	ᵁᴄᴿᴸ	-199.9~999.9	-199.9~999.9
	J(IC)	1	ᴶᴵ ᴄᴴ	-200~800	-328~1472
		0.1	ᴶᴵ ᴄᴸ	-199.9~800.0	-199.9~999.9
	E(CR)	1	ᴱᴄᵣᴴ	-200~800	-328~1472
		0.1	ᴱᴄᵣᴸ	-199.9~800.0	-199.9~999.9
	T(CC)	1	ᵗᴄᴄᴴ	-200~400	-328~752
		0.1	ᵗᴄᴄᴸ	-199.9~400.0	-199.9~752.0
	B(PR)	1	ᵇ Pr	0~1800	32~3272
	R(PR)	1	r Pr	0~1750	32~3182
	S(PR)	1	⁵ Pr	0~1750	32~3182
	N(NN)	1	ⁿ ⁿⁿ	-200~1300	-328~2372
	C(TT)*1	1	ᴄ ᵗᵗ	0~2300	32~4172
	G(TT)*2	1	ᴳ ᵗᵗ	0~2300	32~4172
	L(IC)	1	ᴸᴵ ᴄᴴ	-200~900	-328~1652
		0.1	ᴸᴵ ᴄᴸ	-199.9~900.0	-199.9~999.9
	U(CC)	1	ᵁᴄᴄᴴ	-200~400	-328~752
		0.1	ᵁᴄᴄᴸ	-199.9~400.0	-199.9~752,0
	Platinel II	1	PLᴵᴵ	0~1390	32~2534
측온저항체 (RTD)	Cu 50Ω	0.1	ᴄᵁ ⁵	-199.9~200.0	-199.9~392.0
	Cu 100Ω	0.1	ᴄᵁ ¹⁰	-199.9~200.0	-199.9~392.0
	JPt 100Ω	1	ᴶᴾᵗᴴ	-200~650	-328~1202
		0.1	ᴶᴾᵗᴸ	-199.9~650.0	-199.9~999.9
	DPt 50Ω	0.1	ᵈᴾᵗ⁵	-199.9~600.0	-199.9~999.9
	DPt 100Ω	1	ᵈᴾᵗᴴ	-200~650	-328~1202
		0.1	ᵈᴾᵗᴸ	-199.9~650.0	-199.9~999.9
	Nickel 120Ω	1	ⁿᴵ ¹²	-80~200	-112~392
아날로그 (Analog)	전압	0-10V	ᴬᵁ ¹	-1999~9999 (소수점 위치에 따라 표시범위가 달라집니다.)	
		0-5V	ᴬᵁ²		
		1-5V	ᴬᵁ³		
		0-100mV	ᴬᵐᵁ ¹		
	전류	0-20mA	ᴬᵐᴬ ¹		
		4-20mA	ᴬᵐᴬ²		

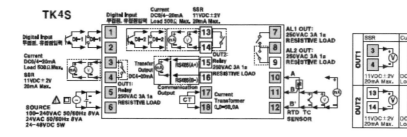

3 동작 조건

- 온도 센서에 전원을 투입하여 현재 온도가 어느 정도인지 확인한다.
- 경보 설정값을 현재온도보다 조금 높여 설정한다.
- 온도 센서를 가열하여(입김 또는 손온도) 설정한 온도까지 도달하게 한다.
- 경보(알람)이 동작하면 부저가 울리는지 확인한다.
  - ㉠ 5번 단자대에 −를 연결, 6번 단자대에 +를 연결
  - ㉡ 10번 단자대에 PT100 A단자대 연결
  - ㉢ 11번 단자대에 PT100 B단자대 연결
  - ㉣ 12번 단자대에 PT100 B'단자대 연결
  - ㉤ 7, 8번 단자 알람 A접점을 부저의 한 극성에 연결

4 결선도

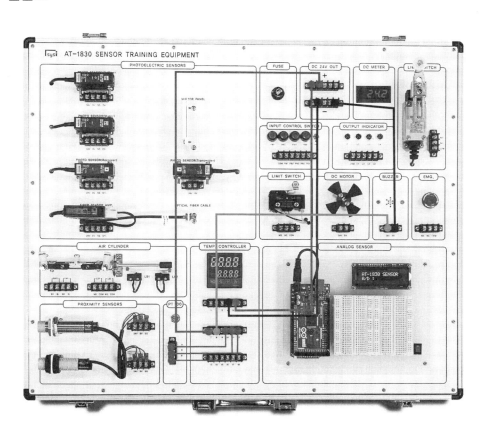

5 파라미터

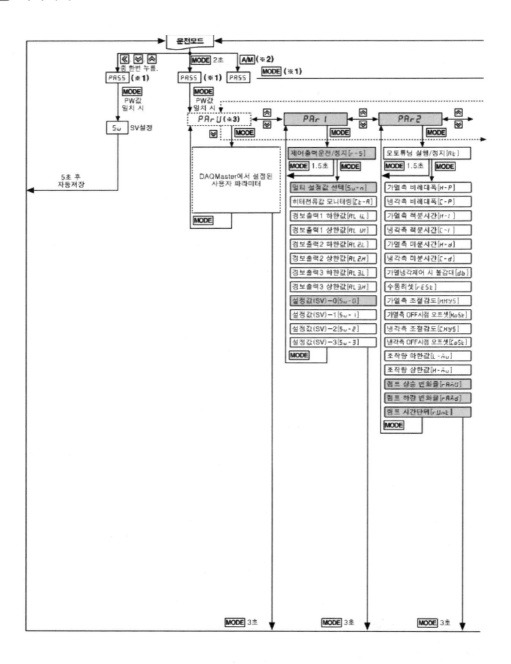

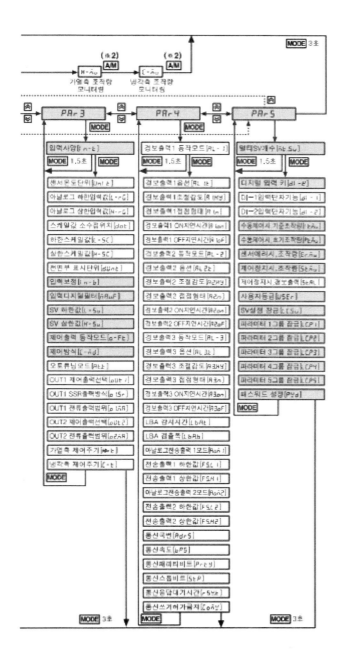

6 실습 내용

- 온도 센서(PT100)를 온도 컨트롤러에 결선도와 같이 결선한다.
- 온도 컨트롤러의 세팅은 위의 그림을 참고하여 진행한다.
  ㉠ 경보출력1 동작모드로 들어간다. [PAr4 → AL -1]

ⓛ 초기값은 편차상한경보[duCC]로 설정되어 있으며, 화살표를 눌러 [PuCC] 절대값 상한경보로 설정한다.

ⓒ 경보출력 1의 상한값을 설정하기 위해 [PAr1 → AL1.H] 들어간다.

ⓔ 공장 초기값으로 1,550으로 설정되어 있으며 이 온도를 사용자가 원하는 설정값으로 변경한다(원활한 실습을 위해 25도 정도로 세팅한다).

ⓜ 입김 또는 손온도를 이용하여 온도 센서를 가열한다.

ⓗ 상한 설정값을 넘어갈 경우 온도 컨트롤러 전면부 AL1 LED가 점등하며 부저가 울린다.

ⓢ 알람이 울리면 확인 후 전원을 차단 후 복귀시켜 컨트롤러 알람을 리셋한다.

ⓞ 이외에도 온도 센서 단선시 알람1이 발생하며, 온도 센서를 결선하지 않은 상태에서도 알람이 발생하는지 확인한다.

아두이노
실험실습

ARDUINO

1 ANALOG SENSOR PART 구성

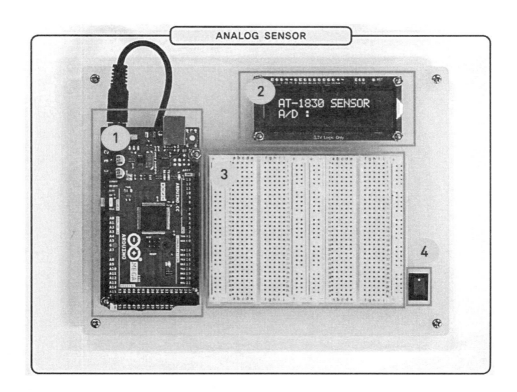

⟨ ANALOG SENSOR PART 구성도 ⟩

번 호	1	2	3	4
명 칭	Arduino Module	CLCD	브레드보드	Arduino 전원 스위치

2   아두이노 실습 방법

본 매뉴얼은 아래와 같이 실습 예제가 구성되어 있다.

목 차	내 용
1. 실습 목표	각 실습의 동작 목표
2. 실습 순서	"아두이노 - 센서 모듈" 결선 및 실습 방법
3. 소스 코드	동작 목표를 구현하기 위한 아두이노 소스 코드

아래는 CDS 모듈을 이용한 아두이노 실습 방법이다. 참고하여 다른 실습도 아래와 같은 방법으로 실습을 진행한다.

실습 01   CDS 실습

1 실습 목표

- CDS의 아날로그 값을 읽어 CLCD에 표시해 CDS 동작 시 아날로그 값을 확인한다.

2 실습 순서

① 다음의 표를 보고 아두이노와 모듈을 와이어 케이블로 연결한다.

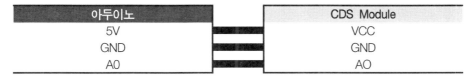

아두이노	CDS Module
5V	VCC
GND	GND
A0	AO

② 매뉴얼의 소스 코드를 참고해 아두이노 프로그램을 작성한다.

3 소스 코드

```
unsigned char cds =0;
void setup()
{
  Serial1.begin(9600);                    // 시리얼 설정 : 통신속도 9600
  lcd_setup();                            // LCD 설정 함수
}

void loop()
{
  cds = analogRead(A0);                   // A0 채널 읽기
  Serial1.write(254);                     // LCD 커서 위치 이동
  Serial1.write(128+64+6);                // 위치이동 : 2열 6번째
  Serial1.print(cds);                     // CDS 출력
  delay(1);                               // 딜레이
}

void lcd_setup()
{
  Serial1.write('|');                     // LCD 설정 모드 진입
  Serial1.write(128+29);                  // 텍스트 RED 색 조절
  Serial1.write('|');                     // LCD 설정 모드 진입
  Serial1.write(158+29);                  // 텍스트 RED 색 조절
  Serial1.write('|');                     // LCD 설정 모드 진입
  Serial1.write(188+29);                  // 텍스트 RED 색 조절
  Serial1.write('|');                     // LCD 설정 모드 진입
  Serial1.write(24);                      // LCD 대비설정 명령
  Serial1.write(0);                       // LCD 대비 값 설정
  Serial1.write('|');                     // LCD 설정 모드 진입
  Serial1.write('-');                     // LCD 클리어
  Serial1.print("AT-1830 SENSOR  A/D : ");  // LCD 출력
}
```

③ PC와 아두이노를 USB 케이블로 연결한다.

④ 아두이노 프로그램에서 "툴 - 포트"로 이동해 아두이노의 COM 포트를 선택하고 업로
드 한다.

```
◎◎ CSD | 아두이노 1.8.6

파일 편집 스케치  툴  도움말

  ✓  →  📄  ⬆          자동 포맷                        Ctrl+T
                        스케치 보관하기
  CSD                   인코딩 수정 & 새로 고침
 1 unsigned cha         라이브러리 관리...                 Ctrl+Shift+I
 2 unsigned cha         시리얼 모니터                      Ctrl+Shift+M
 3 void setup()         시리얼 플로터                      Ctrl+Shift+L
 4 {
 5   Serial1.b          WiFi101 Firmware Updater
 6   lcd_setup(
 7 }                    보드: "Arduino/Genuino Mega or Mega 2560"    >
 8                      프로세서: "ATmega2560 (Mega 2560)"           >
 9 void loop()          포트: "COM1"                                 >
10 {                    보드 정보 얻기
11   cds = anal
12   Serial1.w          프로그래머: "Atmel JTAGICE3 (JTAG mode)"      >
13   Serial1.w          부트로더 굽기
14   Serial1.print(cds);
```

⑤ CDS를 가리고 CDS 모듈을 저항을 조절해
   원하는 동작을 구현한다.

3 아두이노 핀맵

본 장비에 부착된 아두이노는 MEGA2560으로 핀맵은 아래의 그림과 같다.

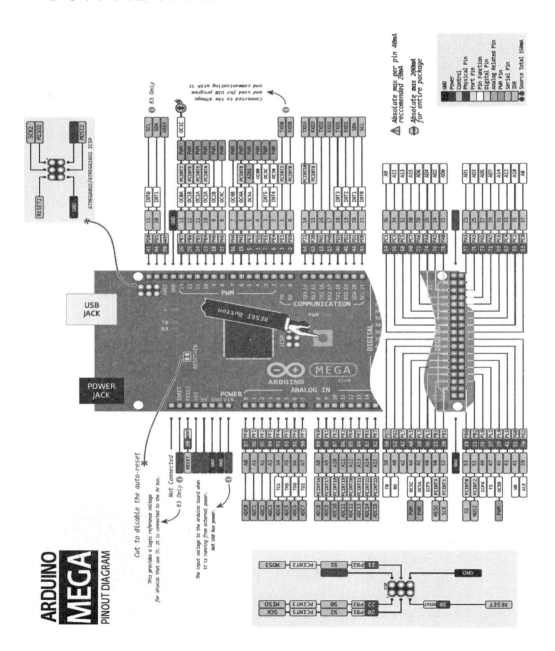

아두이노 실험실습

실습과제 01 RGB LED

1 실습 목표

- 아두이노를 이용하여 RGB LED를 제어한다.
- RGB LED를 이용해 빨간색, 초록색, 파란색 순으로 2초간 점등한다.

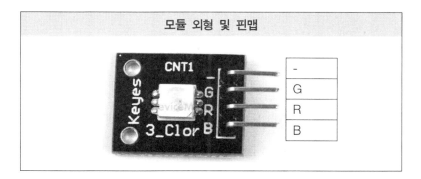

모듈 외형 및 핀맵

-
G
R
B

2 실습 순서

① 다음의 표와 같이 와이어 케이블로 연결한다.

아두이노	RGB LED
GND	-
23	G
22	R
24	B

227

② 프로그램을 작성하여 업로드한다.
③ 동작을 확인한다.

3 소스 코드

```
unsigned int rgb[3] = {22,23,24};      // 핀 배열 변수 : DIO

void setup() {
  for(int i=0;i<3;i++) pinMode(rgb[i],OUTPUT);    // PIN 설정 : RGB LED 핀, 출력 설정
}

void loop() {
  digitalWrite(rgb[0],HIGH);        // RED ON 나머지 OFF
  digitalWrite(rgb[1],LOW);
  digitalWrite(rgb[2],LOW);
  delay(2000);

  digitalWrite(rgb[0],LOW);        // GREEN ON 나머지 OFF
  digitalWrite(rgb[1],HIGH);
  digitalWrite(rgb[2],LOW);
  delay(2000);

  digitalWrite(rgb[0],LOW);        // BLUE ON 나머지 OFF
  digitalWrite(rgb[1],LOW);
  digitalWrite(rgb[2],HIGH);
  delay(2000);
}
```

실습과제 02   IR 센서

1 실습 목표

- 아두이노를 이용하여 IR 센서를 제어한다.
- IR 센서의 값을 읽어 RGB LED 모듈을 제어한다.

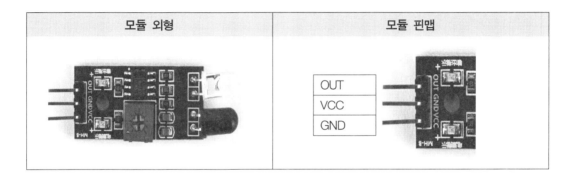

모듈 외형	모듈 핀맵
	OUT / VCC / GND

2 실습 순서

① 다음의 표와 같이 와이어 케이블로 연결한다.

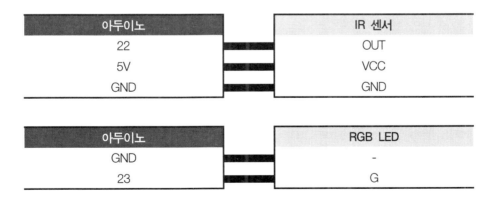

아두이노	IR 센서
22	OUT
5V	VCC
GND	GND

아두이노	RGB LED
GND	-
23	G

② 프로그램을 작성하여 업로드한다.
③ 동작을 확인한다.

3 소스 코드

```
void setup() {
  pinMode(22,INPUT_PULLUP);              // OUT 입력 설정
  pinMode(23,OUTPUT);                    // LED 출력 설정
}

void loop() {
  digitalWrite(23,digitalRead(22));      // 데이터 출력
  delay(10);
}
```

실습과제 03　NTC 센서

1 실습 목표

- 아두이노를 이용하여 RGB LED를 제어한다.
- RGB LED를 이용해 빨간색, 초록색, 파란색 순으로 2초간 점등한다.

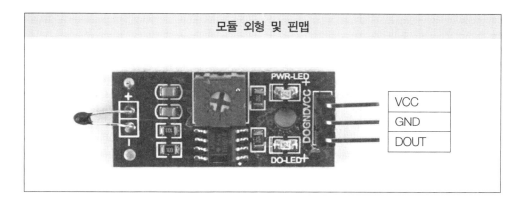

2 실습 순서

① 다음의 표와 같이 와이어 케이블로 연결한다.

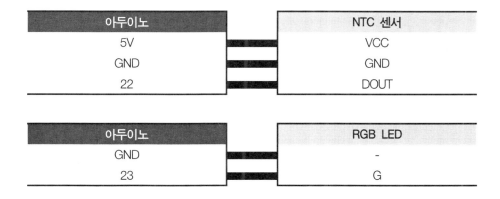

아두이노	NTC 센서
5V	VCC
GND	GND
22	DOUT

아두이노	RGB LED
GND	-
23	G

② 프로그램을 작성하여 업로드한다.

③ 동작을 확인한다.

231

3 소스 코드

```
void setup() {
  pinMode(22,INPUT_PULLUP);          // OUT 입력 설정
  pinMode(23,OUTPUT);                // LED 출력 설정
}

void loop() {
  digitalWrite(23,digitalRead(22));  // 데이터 출력
  delay(10);
}
```

실습과제 04 터치 센서

1 실습 목표

- 아두이노를 이용하여 터치 센서를 제어한다.
- 터치 센서의 값을 읽어 RGB LED 모듈을 제어한다.

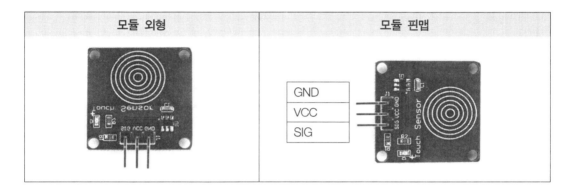

모듈 외형	모듈 핀맵
	GND / VCC / SIG

2 실습 순서

① 다음의 표와 같이 와이어 케이블로 연결한다.

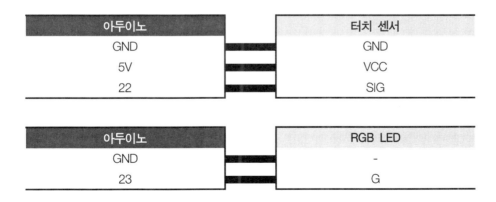

아두이노	터치 센서
GND	GND
5V	VCC
22	SIG

아두이노	RGB LED
GND	-
23	G

② 프로그램을 작성하여 업로드한다.
③ 동작을 확인한다.

233

3 소스 코드

```
void setup() {
  pinMode(22,INPUT_PULLUP);              // SIG 입력 설정
  pinMode(23,OUTPUT);                    // LED 출력 설정
}

void loop() {
  digitalWrite(23,digitalRead(22));      // 데이터 출력
  delay(10);
}
```

실습과제 05   CLCD

1 실습 목표

- 아두이노를 이용하여 CLCD를 제어한다.
- Serial1을 이용해 LCD에 문자를 표시한다.

2 실습 순서

① 프로그램을 작성하여 업로드한다.
② 동작을 확인한다.

3 소스 코드

```
unsigned int cnt=0;
void setup()
{
  lcd_setup();                          // LCD 설정
  lcd_pos(128);                         // 커서 위치 변경 : 첫번째 줄 첫번째 칸
  Serial1.print("HELLO WORLD ");        // LCD 출력
}

void loop()
{
  lcd_pos(128+64);                      // 커서 위치 변경 : 두번째 줄 첫번째 칸
  Serial1.print(cnt++);                 // LCD 출력
  delay(100);
}
void lcd_setup()                        // LCD 설정 함수
{
  Serial1.begin(9600);                  // 시리얼 설정 : 통신속도 9600
  delay(10);
  Serial1.write('|');                   // Put LCD into setting mode
  Serial1.write(128+29);                // Set white/red backlight amount to 100%
  Serial1.write('|');                   // Put LCD into setting mode
  Serial1.write(158+29);                // Set white/red backlight amount to 100%
  Serial1.write('|');                   // Put LCD into setting mode
  Serial1.write(188+29);                // Set white/red backlight amount to 100%
  Serial1.write('|');                   // Put LCD into setting mode
```

```
    Serial1.write(24);                          // Send contrast command
    Serial1.write(0);                           // contrast 0%
    lcd_clear();
}
void lcd_pos(unsigned char pos)                 // LCD 커서 위치 변경 함수
{
    Serial1.write(254);                         // 위치 이동 명령
    Serial1.write(pos);                         // 커서 위치값
}
void lcd_clear()                                // LCD 텍스트 클리어 함수
{
    Serial1.write('|');                         // Setting character
    Serial1.write('-');                         // Clear display
}
```

실습과제 **06**   조도 센서

1 실습 목표

- 아두이노를 이용하여 조도 센서를 제어한다.
- 조도 센서 아날로그 값을 읽어 CLCD에 표시한다.

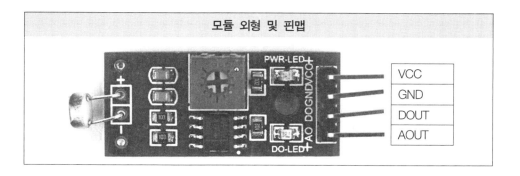

모듈 외형 및 핀맵

2 실습 순서

① 다음의 표와 같이 와이어 케이블로 연결한다.

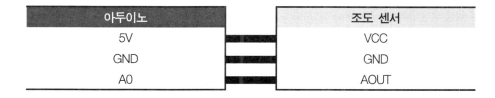

아두이노	조도 센서
5V	VCC
GND	GND
A0	AOUT

② 프로그램을 작성하여 업로드한다.
③ 동작을 확인한다.

3 소스 코드

```
void setup()
{
  lcd_setup();                              // LCD 설정
  lcd_pos(128);                             // 커서 위치 변경 : 첫번째 줄 첫번째 칸
  Serial1.print("CDS SENSOR ");             // LCD 출력
  delay(1);
}

void loop()
{
  unsigned int ao = analogRead(A0);         // 아날로그 읽기 : A0
  lcd_pos(128+64);                          // 커서 위치 변경 : 두번째 줄 첫번째 칸
  Serial1.print("      ");                  // 텍스트 클리어
  delay(1);
  lcd_pos(128+64);                          // 커서 위치 변경 : 두번째 줄 첫번째 칸
  Serial1.print(ao);                        // LCD 출력
  delay(50);
}

void lcd_setup() {                          // LCD 설정 함수
  Serial1.begin(9600);                      // 시리얼 설정 : 통신속도 9600
  delay(10);
  Serial1.write('|');                       // Put LCD into setting mode
  Serial1.write(128+29);                    // Set white/red backlight amount to 100%
  Serial1.write('|');                       // Put LCD into setting mode
  Serial1.write(158+29);                    // Set white/red backlight amount to 100%
  Serial1.write('|');                       // Put LCD into setting mode
  Serial1.write(188+29);                    // Set white/red backlight amount to 100%
  Serial1.write('|');                       // Put LCD into setting mode
  Serial1.write(24);                        // Send contrast command
  Serial1.write(0);                         // contrast 0%
  lcd_clear();
  delay(1);
}
void lcd_pos(unsigned char pos) {           // LCD 커서 위치 변경 함수
  Serial1.write(254);                       // 위치 이동 명령
  Serial1.write(pos);                       // 커서 위치값
}
void lcd_clear() {                          // LCD 텍스트 클리어 함수
  Serial1.write('|');                       // Setting character
  Serial1.write('-');                       // Clear display
}
```

실습과제 07 | 디지털 조도 센서

1 실습 목표

- 아두이노를 이용하여 조도 센서를 제어한다.
- 조도 센서 아날로그 값을 읽어 CLCD에 표시한다.

모듈 외형	모듈 핀맵
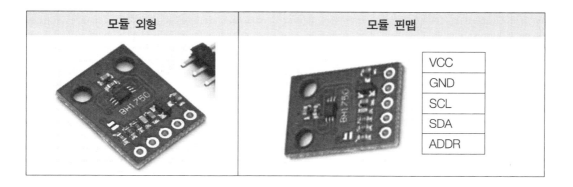	VCC GND SCL SDA ADDR

2 실습 순서

① 다음의 표와 같이 와이어 케이블로 연결한다.

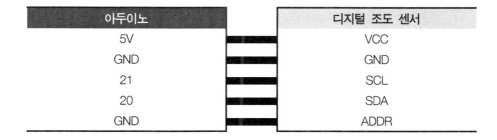

아두이노	디지털 조도 센서
5V	VCC
GND	GND
21	SCL
20	SDA
GND	ADDR

② 프로그램을 작성하여 업로드한다.
③ 동작을 확인한다.

3 소스 코드

```
#include <BH1750FVI.h>                                // 라이브러리 사용
BH1750FVI LightSensor(BH1750FVI::k_DevModeContLowRes);   // 핀 설정

void setup() {
  lcd_setup();                              // LCD 설정
  lcd_pos(128);                             // 커서 위치 변경 : 첫번째 줄 첫번째 칸
  Serial1.print("DIGITAL CDS");             // LCD 출력
  delay(1);
  LightSensor.begin();                      // CDS 통신 설정
}
void loop() {
  uint16_t lux = LightSensor.GetLightIntensity();   // CDS 읽기
  lcd_pos(128+64);                          // 커서 위치 변경 : 두번째 줄 첫번째 칸
  Serial1.print("        ");                // 텍스트 클리어
  delay(1);
  lcd_pos(128+64);                          // 커서 위치 변경 : 두번째 줄 첫번째 칸
  Serial1.print(lux);                       // LCD 출력
  delay(50);
}

void lcd_setup() {                          // LCD 설정 함수
  Serial1.begin(9600);                      // 시리얼 설정 : 통신속도 9600
  delay(10);
  Serial1.write('|');                       // Put LCD into setting mode
  Serial1.write(128+29);                    // Set white/red backlight amount to 100%
  Serial1.write('|');                       // Put LCD into setting mode
  Serial1.write(158+29);                    // Set white/red backlight amount to 100%
  Serial1.write('|');                       // Put LCD into setting mode
  Serial1.write(188+29);                    // Set white/red backlight amount to 100%
  Serial1.write('|');                       // Put LCD into setting mode
  Serial1.write(24);                        // Send contrast command
  Serial1.write(0);                         // contrast 0%
  lcd_clear();
  delay(1);
}
void lcd_pos(unsigned char pos) {           // LCD 커서 위치 변경 함수
  Serial1.write(254);                       // 위치 이동 명령
  Serial1.write(pos);                       // 커서 위치값
}
void lcd_clear() {                          // LCD 텍스트 클리어 함수
  Serial1.write('|');                       // Setting character
  Serial1.write('-');                       // Clear display
}
```

실습과제 08   PIR 센서

1 실습 목표

- 아두이노를 이용하여 PIR 센서를 제어한다.
- PIR 센서 아날로그 값을 읽어 CLCD에 표시한다.

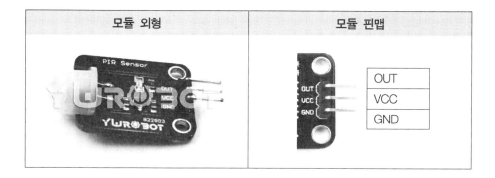

모듈 외형	모듈 핀맵
	OUT / VCC / GND

2 실습 순서

① 다음의 표와 같이 와이어 케이블로 연결한다.

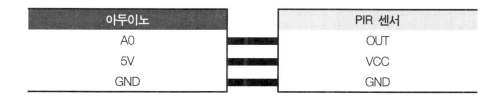

아두이노	PIR 센서
A0	OUT
5V	VCC
GND	GND

② 프로그램을 작성하여 업로드한다.

③ 동작을 확인한다.

3 소스 코드

```
void setup()
{
  lcd_setup();                              // LCD 설정
  lcd_pos(128);                             // 커서 위치 변경 : 첫번째 줄 첫번째 칸
  Serial1.print("PIR SENSOR");              // LCD 출력
  delay(1);
}

void loop()
{
  unsigned char ao = analogRead(A0);        // 아날로그 읽기
  lcd_pos(128+64);                          // 두번째 줄 첫번째 칸
  Serial1.print("        ");                // 텍스트 클리어
  delay(1);
  lcd_pos(128+64);                          // 두번째 줄 첫번째 칸
  Serial1.print(ao);                        // LCD 출력
  delay(50);
}

void lcd_setup() {                          // LCD 설정 함수
  Serial1.begin(9600);                      // 시리얼 설정 : 통신속도 9600
  delay(10);
  Serial1.write('|');                       // Put LCD into setting mode
  Serial1.write(128+29);                    // Set white/red backlight amount to 100%
  Serial1.write('|');                       // Put LCD into setting mode
  Serial1.write(158+29);                    // Set white/red backlight amount to 100%
  Serial1.write('|');                       // Put LCD into setting mode
  Serial1.write(188+29);                    // Set white/red backlight amount to 100%
  Serial1.write('|');                       // Put LCD into setting mode
  Serial1.write(24);                        // Send contrast command
  Serial1.write(0);                         // contrast 0%
  lcd_clear();
  delay(1);
}
void lcd_pos(unsigned char pos) {           // LCD 커서 위치 변경 함수
  Serial1.write(254);                       // 위치 이동 명령
  Serial1.write(pos);                       // 커서 위치값
}
void lcd_clear() {                          // LCD 텍스트 클리어 함수
  Serial1.write('|');                       // Setting character
  Serial1.write('-');                       // Clear display
}
```

실습과제 09   홀 센서

1 실습 목표

- 아두이노를 이용하여 홀 센서를 제어한다.
- 홀 센서 아날로그 값을 읽어 CLCD에 표시한다.

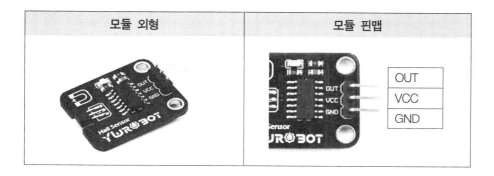

모듈 외형	모듈 핀맵
	OUT / VCC / GND

2 실습 순서

① 다음의 표와 같이 와이어 케이블로 연결한다.

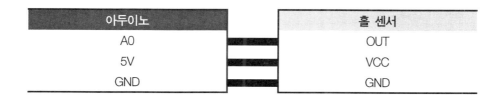

아두이노	홀 센서
A0	OUT
5V	VCC
GND	GND

② 프로그램을 작성하여 업로드한다.
③ 동작을 확인한다.

3 소스 코드

```
void setup()
{
  lcd_setup();                              // LCD 설정
  lcd_pos(128);                             // 커서 위치 변경 : 첫번째 줄 첫번째 칸
  Serial1.print("HALL SENSOR");             // LCD 출력
  delay(1);
}

void loop()
{
  unsigned char ao = analogRead(A0);        // 아날로그 읽기
  lcd_pos(128+64);                          // 커서 위치 변경 : 두번째 줄 첫번째 칸
  Serial1.print("        ");                // 텍스트 클리어
  delay(1);
  lcd_pos(128+64);                          // 커서 위치 변경 : 두번째 줄 첫번째 칸
  Serial1.print(ao);                        // LCD 출력
  delay(50);
}

void lcd_setup() {                          // LCD 설정 함수
  Serial1.begin(9600);                      // 시리얼 설정 : 통신속도 9600
  delay(10);
  Serial1.write('|');                       // Put LCD into setting mode
  Serial1.write(128+29);                    // Set white/red backlight amount to 100%
  Serial1.write('|');                       // Put LCD into setting mode
  Serial1.write(158+29);                    // Set white/red backlight amount to 100%
  Serial1.write('|');                       // Put LCD into setting mode
  Serial1.write(188+29);                    // Set white/red backlight amount to 100%
  Serial1.write('|');                       // Put LCD into setting mode
  Serial1.write(24);                        // Send contrast command
  Serial1.write(0);                         // contrast 0%
  lcd_clear();
  delay(1);
}
void lcd_pos(unsigned char pos) {           // LCD 커서 위치 변경 함수
  Serial1.write(254);                       // 위치 이동 명령
  Serial1.write(pos);                       // 커서 위치값
}
void lcd_clear() {                          // LCD 텍스트 클리어 함수
  Serial1.write('|');                       // Setting character
  Serial1.write('-');                       // Clear display
}
```

실습과제 10   PSD 센서

1 실습 목표

- 아두이노를 이용하여 PSD 센서를 제어한다.
- PSD 센서 측정값을 CLCD에 표시한다.

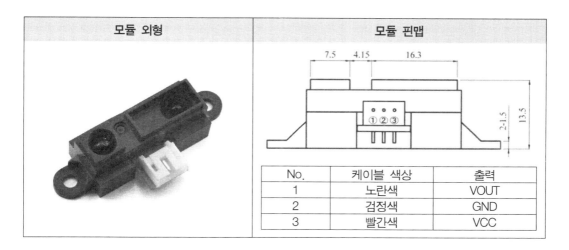

모듈 외형	모듈 핀맵

No.	케이블 색상	출력
1	노란색	VOUT
2	검정색	GND
3	빨간색	VCC

2 실습 순서

① 다음의 표와 같이 와이어 케이블로 연결한다.

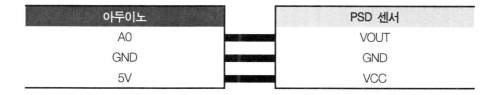

아두이노	PSD 센서
A0	VOUT
GND	GND
5V	VCC

② 프로그램을 작성하여 업로드한다.
③ 동작을 확인한다.

3 소스 코드

```
int distance = 0;                            // 거리값 변수 생성
void setup()
{
  lcd_setup();                               // LCD 설정
  lcd_pos(128);                              // 커서 위치 변경 : 첫번째 줄 첫번째 칸
  Serial1.print("PSD SENSOR");               // LCD 출력
  delay(1);
}
void loop()
{
  unsigned char ao = analogRead(A0);         // 아날로그 읽기
  int volt = map(data, 0, 1023, 0, 5000);    // 측정한 volt값을 0에서 5000사이의 값으로 변환
  distance = (21.61/(volt-0.1696))*1000;     // 측정값을 통해 거리를 계산
  lcd_pos(128+64);                           // 두번째 줄 첫번째 칸
  Serial1.print("      ");                   // 텍스트 클리어
  delay(1);
  lcd_pos(128+64);                           // 두번째 줄 첫번째 칸
  Serial1.print(distance);                   // LCD 출력
  delay(50);
}
void lcd_setup() {                           // LCD 설정 함수
  Serial1.begin(9600);                       // 시리얼 설정 : 통신속도 9600
  delay(10);
  Serial1.write('|');                        // Put LCD into setting mode
  Serial1.write(128+29);                     // Set white/red backlight amount to 100%
  Serial1.write('|');                        // Put LCD into setting mode
  Serial1.write(158+29);                     // Set white/red backlight amount to 100%
  Serial1.write('|');                        // Put LCD into setting mode
  Serial1.write(188+29);                     // Set white/red backlight amount to 100%
  Serial1.write('|');                        // Put LCD into setting mode
  Serial1.write(24);                         // Send contrast command
  Serial1.write(0);                          // contrast 0%
  lcd_clear();
  delay(1);
}
void lcd_pos(unsigned char pos) {            // LCD 커서 위치 변경 함수
  Serial1.write(254);                        // 위치 이동 명령
  Serial1.write(pos);                        // 커서 위치값
}
void lcd_clear() {                           // LCD 텍스트 클리어 함수
  Serial1.write('|');                        // Setting character
  Serial1.write('-');                        // Clear display
}
```

실습과제 11 온습도 센서

1 실습 목표

- DHT11을 이용하여 온습도 데이터를 읽는다.
- CLCD에 첫 번째 줄에 습기, 두 번째 줄에는 온도를 표시한다.

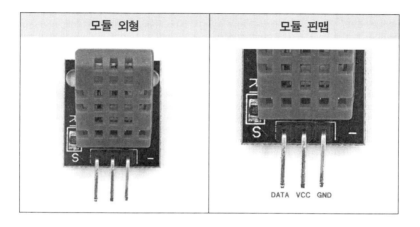

모듈 외형	모듈 핀맵

2 실습 순서

① 다음의 표와 같이 와이어 케이블로 연결한다.

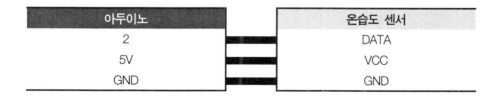

아두이노	온습도 센서
2	DATA
5V	VCC
GND	GND

② 프로그램을 작성하여 업로드한다.
③ 동작을 확인한다.

3 소스 코드

```
#include "DHT.h"
DHT dht(2,DHT11);                          // DHT11 데이터 핀, 센서명

void setup() {
  lcd_setup();                             // LCD 설정
  dht.begin();                             // 센서 설정
}

void loop() {
  delay(2000);
  // 온도 또는 습도를 읽는 데 250 밀리 초가 걸립니다!
  // 센서 판독 값은 최대 2 초 일 수 있습니다.
  float h = dht.readHumidity();
  //온도를 섭씨로 읽습니다 (기본값).
  float t = dht.readTemperature();
  // 온도를 화씨로 읽습니다 (isFahrenheit = true).
  float f = dht.readTemperature(true);
  lcd_clear();                             // LCD 화면 클리어
  delay(1);
  // 읽기가 실패했는지 확인하고 일찍 종료합니다 (다시 시도하시오).
  if (isnan(h) || isnan(t) || isnan(f)) {
    Serial1.print("Failed to read  from DHT sensor!");
    return ;
  }
  lcd_pos(128+0);                          // 커서 위치 변경 : 첫번째 줄 첫번째 칸
  Serial1.print("H : ");                   // LCD 출력
  Serial1.print(h);                        //  LCD 출력 : 습기값
  delay(1);
  lcd_pos(128+64);                         // 커서 위치 변경 : 두번째 줄 첫번째 칸
  Serial1.print("T : ");                   // LCD 출력
  Serial1.print(t);                        // LCD 출력 : 온도값
}

void lcd_setup() {                         // LCD 설정 함수
  Serial1.begin(9600);                     // 시리얼 설정 : 통신속도 9600
  delay(10);
  Serial1.write('|');                      // Put LCD into setting mode
  Serial1.write(128+29);                   // Set white/red backlight amount to 100%
  Serial1.write('|');                      // Put LCD into setting mode
  Serial1.write(158+29);                   // Set white/red backlight amount to 100%
  Serial1.write('|');                      // Put LCD into setting mode
  Serial1.write(188+29);                   // Set white/red backlight amount to 100%
  Serial1.write('|');                      // Put LCD into setting mode
```

```
    Serial1.write(24);                          // Send contrast command
    Serial1.write(0);                           // contrast 0%
    lcd_clear();
    delay(1);
}
void lcd_pos(unsigned char pos) {               // LCD 커서 위치 변경 함수
    Serial1.write(254);                         // 위치 이동 명령
    Serial1.write(pos);                         // 커서 위치값
}
void lcd_clear() {                              // LCD 텍스트 클리어 함수
    Serial1.write('|');                         // Setting character
    Serial1.write('-');                         // Clear display
}
```

실습과제 12   초음파 거리 센서

1 실습 목표

- 아두이노를 이용하여 초음파 센서를 제어한다.
- 초음파 센서 측정값을 CLCD에 표시한다.

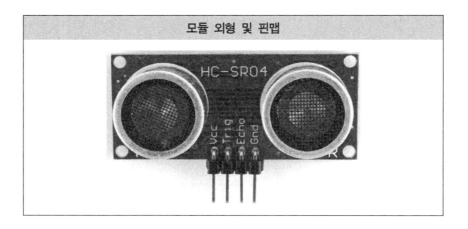

1 실습 순서

① 다음의 표와 같이 와이어 케이블로 연결한다.

아두이노		초음파 거리 센서
5V		VCC
12		Trig
13		Echo
GND		GND

② 프로그램을 작성하여 업로드한다.
③ 동작을 확인한다.

3 소스 코드

```
int trigPin = 12;                        // TRIG 핀
int echoPin = 13;                        // ECHO 핀
long duration, distance;                 // 시간, 거리 값

void setup() {
  pinMode(trigPin, OUTPUT);              // TRIG 출력 설정
  pinMode(echoPin, INPUT);               // ECHO 입력 설정
  lcd_setup();                           // LCD 설정
  lcd_pos(128+0);                        // 커서 위치 변경 : 첫번째 줄 첫번째 칸
  Serial1.print("ULTRA SONIC");          // LCD 출력
  delay(1);
}

void loop() {
 digitalWrite(trigPin, LOW);             // TRIG LOW
  delayMicroseconds(2);                  // 2ms 지연
  digitalWrite(trigPin, HIGH);           // TRIG HIGH
  delayMicroseconds(10);                 // 10ms 지연
  digitalWrite(trigPin, LOW);            // TRIG LOW : 1 클럭
  duration = pulseIn(echoPin, HIGH);     // ECHO 펄스 시간 측정 : HIGH 구간
  distance = duration * 17 / 1000;       // 거리 계산
  lcd_pos(128+64);                       // 커서 위치 변경 : 두번째 줄 첫번째 칸
  Serial1.print("        ");             // 텍스트 클리어
  delay(1);
  lcd_pos(128+64);                       // 커서 위치 변경 : 두번째 줄 첫번째 칸
  Serial1.print(distance);              // lcd 출력 : 거리
  delay(100);

}
void lcd_setup() {                       // LCD 설정 함수
  Serial1.begin(9600);                   // 시리얼 설정 : 통신속도 9600
  delay(10);
  Serial1.write('|');                    // Put LCD into setting mode
  Serial1.write(128+29);                 // Set white/red backlight amount to 100%
  Serial1.write('|');                    // Put LCD into setting mode
  Serial1.write(158+29);                 // Set white/red backlight amount to 100%
  Serial1.write('|');                    // Put LCD into setting mode
  Serial1.write(188+29);                 // Set white/red backlight amount to 100%
  Serial1.write('|');                    // Put LCD into setting mode
  Serial1.write(24);                     // Send contrast command
  Serial1.write(0);                      // contrast 0%
  lcd_clear();
  delay(1);
```

```
}
void lcd_pos(unsigned char pos) {          // LCD 커서 위치 변경 함수
    Serial1.write(254);                    // 위치 이동 명령
    Serial1.write(pos);                    // 커서 위치값
}
void lcd_clear() {                         // LCD 텍스트 클리어 함수
    Serial1.write('|');                    // Setting character
    Serial1.write('-');                    // Clear display
}
```

실습과제 **13** 컬러 센서

1 실습 목표

- 아두이노를 이용하여 컬러 센서를 제어한다.
- 컬러 센서를 이용해 색상을 감지하고 시리얼 통신으로 출력한다.

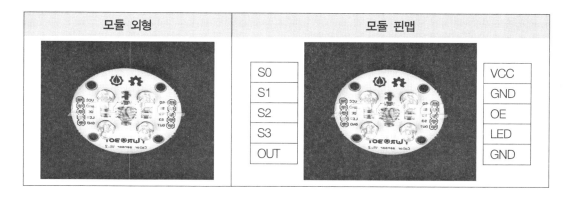

모듈 외형	모듈 핀맵	
	S0	VCC
	S1	GND
	S2	OE
	S3	LED
	OUT	GND

2 실습 순서

① 다음의 표와 같이 와이어 케이블로 연결한다.

아두이노	컬러 센서
5V	VCC
GND	GND
GND	OE
GND	LED
8	S0
9	S1
10	S2
11	S3
13	OUT

② 프로그램을 작성하여 업로드한다.

③ 동작을 확인한다.

3 소스 코드

```
//핀 설정
const int s0 = 8;           // S0 PIN
const int s1 = 9;           // S1 PIN
const int s2 = 10;          // S2 PIN
const int s3 = 11;          // S3 PIN
const int out = 13;         // OUT PIN

// Variables
int red = 0;                // RED 값
int green = 0;              // GREEN 값
int blue = 0;               // BLUE 값

void setup()
{
  Serial.begin(9600);                // 시리얼 통신 설정
  pinMode(s0, OUTPUT);               // 핀 설정 : 출력
  pinMode(s1, OUTPUT);               // 핀 설정 : 출력
  pinMode(s2, OUTPUT);               // 핀 설정 : 출력
  pinMode(s3, OUTPUT);               // 핀 설정 : 출력
  pinMode(out, INPUT);               // 핀 설정 : 입력
  digitalWrite(s0, HIGH);            // OUTPUT FREQUENCY SCALING : 100%   s0=1,s1=1
  digitalWrite(s1, HIGH);
}

void loop()
{
  color();
  // RGB 데이터 시리얼 전송
  Serial.print("R Intensity:");
  Serial.print(red, DEC);
  Serial.print(" G Intensity: ");
  Serial.print(green, DEC);
  Serial.print(" B Intensity : ");
  Serial.print(blue, DEC);
  if (red < blue && red < green && red < 20)
  {
   Serial.println(" - (Red Color)");
  }
  else if (blue < red && blue < green)
  {
   Serial.println(" - (Blue Color)");
  }
  else if (green < red && green < blue)
```

```
  {
    Serial.println(" - (Green Color)");
  }
  else{
  Serial.println();
  }
  delay(300);
 }

void color()                        // 색 감지
{
  digitalWrite(s2, LOW);            // RED 감지
  digitalWrite(s3, LOW);
  //count OUT, pRed, RED
  red = pulseIn(out, digitalRead(out) == HIGH ? LOW : HIGH);    // 펄스 측정
  digitalWrite(s3, HIGH);           // BLUE 감지
  //count OUT, pBLUE, BLUE
  blue = pulseIn(out, digitalRead(out) == HIGH ? LOW : HIGH);   // 펄스 측정
  digitalWrite(s2, HIGH);           // GREEN 감지
  //count OUT, pGreen, GREEN
  green = pulseIn(out, digitalRead(out) == HIGH ? LOW : HIGH);  // 펄스 측정
}
```

◆ 참고문헌 ◆

김한근 외 1명, 센서기초와 실험, 기전연구사, 2001.

임병국 외 2명, 자동화용센서, 기술, 1996.

김원회 외 1명, 센서공학, 성안당, 2002.

권대혁 외 1명, 센서기술, 에드텍, 2000.

황규섭, 센서활용사례집, 기전연구사, 1986.

都甲潔, 宮城幸一郎, 培風館, 1995.

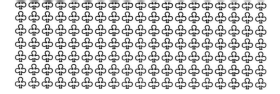

센서공학 개론

2019년 8월 29일 제1판제1발행
2022년 2월 10일 제1판제2발행

공저자 김한근 · 박선국
발행인 나 영 찬

발행처 **기전연구사** ─────────────

서울특별시 동대문구 천호대로4길 16(신설동 104-29)
전 화 : 2235-0791/2238-7744/2234-9703
FAX : 2252-4559
등 록 : 1974. 5. 13. 제5-12호

정가 17,000원